国家林业和草原局普通高等教育“十三五”规划教材

低碳生活与绿色文明

吕辉雄　主编

中国林業出版社

内容简介

随着全球气候变暖，化石能源短缺、生态环境污染等全球性问题日益严峻，低碳发展理念成为世界各国发展的重要指导思想。

本教材从衣食住行用及农、林、生产、垃圾等方面深入浅出地介绍低碳生活与生态文明的建设，并结合生活小知识和实际案例倡导低碳、绿色发展的新理念，有利于读者加强低碳环保意识，践行绿色、低碳、可持续发展的新型生活方式，形成全社会共同参与的良好风气，推动我国生态文明建设。

本教材可作为高等教育、高等职业教育各专业的生态环保、双碳素质教育的通识教学参考用书，也可以作为生态环境保护相关人员及社会大众科普读物。

图书在版编目(CIP)数据

低碳生活与绿色文明 / 吕辉雄主编 .—北京：中国林业出版社，2022. 5

国家林业和草原局普通高等教育“十三五”规划教材

ISBN 978-7-5219-1097-1

Ⅰ. ①低…　Ⅱ. ①吕…　Ⅲ. ①节能-高等学校-教材　Ⅳ. ①TK01

中国版本图书馆 CIP 数据核字(2021)第 058588 号

中国林业出版社教育分社

策划编辑：肖基浒　　**责任编辑**：田夏青　肖基浒

电　话：(010)83143555　　**传　真**：(010)83143516

出版发行：中国林业出版社(100009　北京市西城区刘海胡同 7 号)

E-mail：jiaocaipublic@ 163. com　电话：(010)83143500

http：//www. forestry. gov. cn/lycb. html

印　刷：北京中科印刷有限公司

版　次：2022 年 5 月第 1 版

印　次：2022 年 5 月第 1 次印刷

开　本：710mm×1000mm　1/16

印　张：9. 625

字　数：175 千字

定　价：36. 00 元

《低碳生活与绿色文明》
编写人员

主　　编

吕辉雄

参　　编（按姓氏笔画排序）

卫泽斌　陈少华　陈火君　陈杨梅
郑　芊　黄梓晴　梁瑜海　蔡全英

前言

目前，低碳发展被视为推动全球经济复苏的新动力源泉，成为国家发展的重要战略需求。低碳发展对于能源结构的优化、环境问题的处理具有重要意义，符合我国可持续发展理念要求。习近平总书记在全国生态环境保护大会上提到，生态环境是关系党的使命宗旨的重大政治问题，也是关系民生的重大社会问题，生态文明建设是打好污染防治攻坚战的其中一个重要举措。“绿水青山就是金山银山”在提出后就迅速成为人们耳熟能详的发展理念，而且随着人们对生活与生态环境质量要求的日益提高，推进我国生态文明建设更是迫在眉睫。总的来说，生态文明建设是实现人与自然和谐共处的必由之路。

本教材对低碳生活与生态文明的相关思想内涵及实现路径进行深入浅出的介绍，并提供部分实际案例以更清晰明了地做出解析。全书总体上包括低碳生活篇和生态文明篇两部分。其中，低碳生活篇分为七章，第一章概述了低碳生活的提出背景以及相关概念，并简要描述低碳生活的部分小常识，为后续章节作铺垫。第二章至第七章从衣食住行用、办公和消费的角度详细介绍了相关知识以及如何在生活的各方面实现低碳、环保。生态文明篇分为六章，第八章概述了人类文明的发展转变以及生态文明的思想内容。第九章简要介绍了环境伦理的相关问题与责任，并对相关案例进行介绍与伦理分析。第十章主要介绍农业的可持续发展，着重介绍了可持续发展农业的模式并列举分析了四个典型案例。第十一章对生态林业的内涵、发展状况及意义进行阐述，也介绍了相关的可借鉴案例。第十二章主要关注清洁生产的相关内容，特别介绍了绿色技术，并分析与循环经济的区别和联系，最后通过相关案例再次表明清洁生产的意义。第十三章契合目前垃圾处理现状以及废物资源回收的需求，详细介绍了国外垃圾分类的成功案例以及国内城市生活垃圾的分类情况，并附上了《广州市生活垃圾分类管理条例》和《广州市居民家庭生活垃圾分类投放指南》供读者查阅学习。本教材注重把这些新思想、新理念落到实处，希望能加强读者的低碳环保意识，身体力行低碳、环保、循环发展的新型生活方式，从而促进我国生态文明建设与绿色发展。

在本教材编写过程中，主编吕辉雄负责本书第一、四、八章编写工作，黄梓晴负责第九章至十二章编写工作，卫泽斌、梁瑜海负责第二章编写工作，陈杨梅负责第三章编写工作，陈少华负责第五章编写工作，陈火君负责第六章编写工作，郑芊负责第七章编写工作，蔡全英负责第十三章编写工作。

由于编者水平有限，本教材虽然经过多次修改，仍难免存在疏漏和不当之处，恳请广大读者提出宝贵意见与批评指正。本教材在编写过程中得到了华南农业大学教务处黄文勇同志、中国林业出版社有限公司编辑的大力支持，还得到广大师生的帮助，在此一并致谢！

编　者

2021 年 3 月

目　录

下篇　生态文明篇

上　篇

低碳生活篇

第一章　低碳生活概述

第一节　低碳生活背景

一、全球气候变化

气候变化与太阳活动周期存在显著的相关性，大气温室效应亦是一种重要的自然现象，但人类活动是造成气候变暖的主要原因。联合国政府间气候变化专门委员会(IPCC)对气候变化问题的5次科学评估表明，人类活动，尤其是化石燃料的使用，工农业生产、土地利用、生产生活废弃物处理产生的温室气体(包括二氧化碳、甲烷、氯氟化碳、臭氧、氮的化合物、水蒸气等，最主要是二氧化碳)排放增长是全球气候变化的主要因素。

气候变化的后果日益显现和严重。冰川开始融化，导致海平面上升，洪涝干旱、暴风、冰雪、暴雨、森林大火等灾害性气候事件频发，农业生产力下降，经济损失不断增加，社会问题突出，尤其是对贫困人群和发展中国家。IPCC曾预测，到2030年，全球生产能力将下降5%~10%。2050年，海平面将上升30厘米，上海5.4万平方千米的土地将被淹没，面积缩小一半。孟加拉国的达卡、印度的加尔各答、菲律宾的马尼拉、印度尼西亚的雅加达、马耳他岛国都将被淹没。未来100年，全球气温将升高1.6~6.4℃，海平面将升高1.9米。南太平洋中的岛国图瓦卢，将可能是第一个消失在汪洋中的岛国。再者，气候变暖不仅为与热有关的疾病扩散提供了便利，而且被冰封十几万年的史前致命病毒随着冰层融化可能会复活，威胁人类生存。此外，气候变化可能会带来一场新的物种变异甚至灭绝的灾害，生物多样性遭到破坏。这些都将成为制约人类社会可持续发展的重要因素之一。

气候变化问题是全球性环境问题。2016年签署的《巴黎协定》为2020年后全球应对气候变化行动作出安排，并提出控制20世纪全球平均气温较工业化前水平升高控制在2℃以内，并为把升温控制在1.5℃以内而努力。气候变化对发展中国家带来的不利影响尤为严重，中国也不例外。相关资料显示，我国地表平均温度在近百年来上升明显，尤其是近60年，平均每10年约上升0.23℃，对自然生态系统和社会系统造成了严重的影响。因此，2℃温升控制目标需要我国等广大发展中国家承担实质性的减排任务。

二、化石能源短缺

相关数据表明，世界煤炭的储量可用200多年，我国煤炭的储量可用70多年；世界天然气的储量可用50多年，我国天然气的储量可用20年；世界石油的储量可用40多年，我国现有的石油储量可用不到20年(图1-1)。我国经济与社会发展已进入大量消耗能源阶段，能源资源储量看似丰富，但人均占有量很低，能源消费缺口不断增大，能源短缺问题已经引起了人们的高度关注。再者，化石燃料的燃烧造成的污染也不容小觑，其燃烧过程产生的二氧化碳、二氧化硫、二氧化氮、一氧化碳、可吸入颗粒物等污染空气的物质会造成温室效应，形成酸雨，使空气能见度降低。以我国的煤消费为例，我国煤炭消费占能源消费的2/3以上，煤电占发电结构的3/4以上，煤炭消费所产生的二氧化碳占我国煤炭消费二氧化碳的4/5，即我国单位能源消费的二氧化碳明显高于其他排放大国。能源的需求与碳排放的快速增加已成为社会关注的焦点。

图1-1 石油短缺

近年来，低碳能源引起了社会热议。低碳能源是替代高碳能源的一种能源类型，是一种少污染或无污染的能源(碳排放量少或碳零排放，如新能源、可再生能源)。具体包括：水能、风能、核能、氢能、太阳能、海洋能、地热能、生物质能。尤其是太阳能、风能已成为快速发展中的重点产业。面对此现状，我们必须改变能源利用方式和种类，对化石能源进行清洁开发、高效使用、节约利用并不断开辟可再生能源，如太阳能、风能、生物质能、潮汐能等新能源，逐渐实现低碳能源对高碳能源的替代(图 1-2)。

图 1-2　风能(左)和太阳能(右)

三、低碳发展已成为重要的战略需求

“低碳”一词热度暴涨，迅速成为全世界关注的焦点始于 2009 年在哥本哈根举办的联合国气候变化大会。据统计，2010 年 6 月 11 日，对于“低碳”的相关搜索，在谷歌上就有 3530 万条结果。气候变化已成为世界各国多边和双边合作的重要内容。其中，低碳技术、低碳城市等成为国际合作的热点，低碳发展正逐渐成为一种国家发展道路或模式。目前，以欧盟为倡导者和先行者，世界多个国家都在陆续践行低碳发展理念，并采取相应的战略措施和法律法规，例如，英国的《气候变化法案》和对低碳城市规划，日本的低碳社会计划，美国的《总统气候行动计划》，中美两国的《中美气候变化联合声明》，丹麦的太阳风社区等。

2017 年 10 月 18 日，习近平总书记在党的十九大报告中指出，坚持人与自然和谐共生。必须树立和践行绿水青山就是金山银山的理念，坚持节约资源和保护环境的基本国策。

社会的发展，将人类推进到从工业文明时代向生态文明时代转折的时期。大力倡导低碳经济，建设生态文明，成为这一时期的主旋律。中国低碳发展不仅是生态文明建设的核心内容，更是实现“两个一百年”的奋斗目标和中国梦的重要途径。大力推动低碳经济发展，建设资源节约型、环境友好型社会，已经成为我国可持续发展战略的重要组成部分。与之相应，在日常生活层面，倡导和践行低碳生活，已成为每个公民在建设生态文明时代义不容辞的环保责任。

四、绿色低碳技术正在引领新的经济增长

低碳新能源是继人力、畜力、蒸汽和电力之后的又一次“动力革命”。从当前世界技术发展趋势看，以低碳技术为代表的新一轮技术革命正在孕育中，并将推动低碳经济和低碳社会的发展。在当前的低碳经济竞争中，低碳技术和产品服务成了重点关注对象，技术进步是低碳发展的核心驱动力。低碳技术可分为三个类型：第一类是减碳技术，是指高能耗、高排放领域的节能减排技术，煤的清洁高效利用、油气资源和煤层气的勘探开发技术等。第二类是无碳技术，如核能、太阳能、风能、生物质能等可再生能源技术。近年来，新能源汽车发展迅速，预计到2025年后，中国普通汽油车占乘用车的保有量将仅占50%左右，而先进柴油车、燃气汽车、生物燃料汽车等新能源汽车将迅猛发展。第三类就是去碳技术，典型的是二氧化碳捕获与埋存(CCS)。在气候变化为背景的国际低碳技术和产业发展格局下，推进低碳发展是我国的必由之路。

第二节　“低碳”的相关概念

1. 低碳(low carbon)

低碳是指较低(更低)的温室气体排放。以较少碳排放比达到所需，如低碳城市、低碳社区、低碳旅行等。一般狭义上的碳是指二氧化碳气体，特别是化石能源燃烧产生的二氧化碳。广义上的碳是指《京都议定书》提出的六种温室气体：二氧化碳、甲烷、氧化亚氮、氢氟碳化合物、全氟碳化合物、六氟化硫。

2. 低碳生活(low-carbon living)

低碳生活是指减少温室气体(二氧化碳为主)的排放，就是低能量、低消耗、低开支的生活方式。“低碳生活”在于提倡与鼓励人们从自己的生活习惯做起，树立节能环保意识，进而控制或者减少个人及设备的碳排量。简单理解，低碳生活就是返璞归真地去进行人与自然的活动，主要是从节电、节气和回收三个环节来改变生活细节进而减少二氧化碳的排放。宽泛的低碳生活概念还包括低碳饮食、居住面积适中的节能环保型住宅、少开车、开小排量车、开简短的会议、多植树等。

3. 低碳服装

低碳服装是指在服装消耗的全过程中产生更低的碳排放量，其中包括选用碳排放量低的服装，选用可循环利用材料制成的服装，及增加服装利用率、

减小服装消耗量的方法等。

4. 低碳饮食

定义一：主要是指低碳水化合物，注重严格地限制碳水化合物的消耗量，增加蛋白质和脂肪的摄入量。首次于 1972 年由阿特金斯的《阿特金斯医生的新饮食革命》中提出。

定义二：是指在食品的生产过程和消费过程中（包括加工和运输），耗能低、二氧化碳及其他温室气体排出量少的食物。

5. 低碳出行

低碳出行是指以低碳排放量的方式出行，如优先选择自行车或徒步出行。

6. 低碳经济（low-carbon economy）

低碳经济是指兼顾经济稳定增长与实现温室气体排放的低增长或负增长的经济模式。低碳经济主要有三个特征：①经济性，按市场经济的原则发展，不导致生活、福利的降低；②技术性，通过技术进步，提高能源效率的同时降低温室气体浓度；③目标性，温室气体浓度保持相对稳定。

7. 低碳社会（low-carbon society）

低碳社会是指通过践行低碳生活，发展低碳经济，培养可持续发展、绿色环保、文明的低碳文化理念，建设既满足社会和人们发展需求，又能减少碳排放的社会。

8. 碳中和（碳补偿，carbon neutral）

碳中和是指计算二氧化碳的排放总量，然后通过植树等方式把这些二氧化碳吸收掉，以达到环保的目的。

9. 碳足迹（carbon footprint）

碳足迹是指企业机构、活动、产品或个人通过交通运输、食品生产和消费，以及各类生产过程等引起的温室气体排放的集合，是一种衡量和影响我们行动的方法（图 1-3）。

10. 衣年轮

基于树木的生长年轮，是指服装的碳排放指数，用来衡定每件衣服的使用年限、生命周期内的碳排放总量，以及年均碳排放量，即衡量每件衣服的环保程度。

11. 食物里程（food miles）

食物里程是指食物由生产地运送到餐桌的距离。通常食物里程越近，碳排放越少。

12. 摇篮到摇篮（cradle to cradle）

是一种循环发展模式，以“零废弃”的思维生产商品，使其可以接近 100%

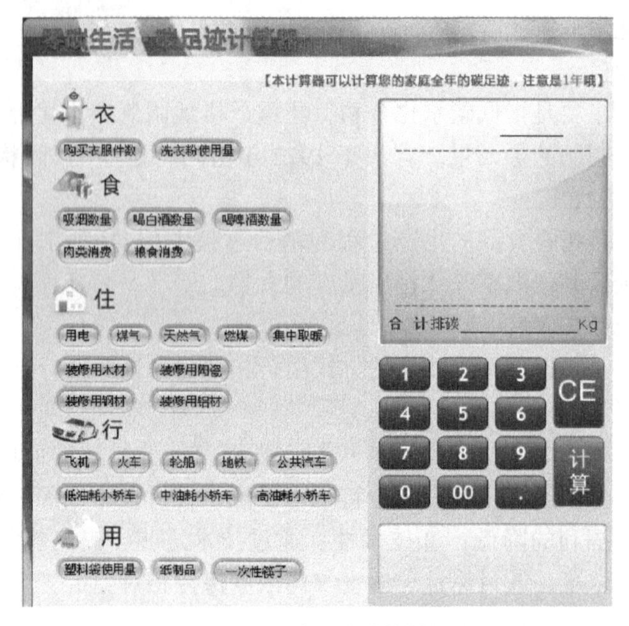

图 1-3　碳足迹计算器

回收，即让每一种商品都能成为下一种商品的原料。

13. 摇篮到坟墓(cradle to grave)

商品生产使用后几乎变成了废物，传统的工业设计即为此类。

14. 碳汇(carbon sink)

碳汇是指从大气中清除二氧化碳的过程、活动和机制，或吸收储存二氧化碳的能力。是经联合国或自愿性减量组织认证，可进入碳交易市场的计量单位，也可称为“碳权”。

15. 碳金融

碳金融是指所有服务于限制温室气体排放的金融活动，包括直接投融资、碳指标交易和银行贷款等。

16. 碳壁垒(绿色壁垒)

碳壁垒是指针对产品在生产、运输、消费和处置环节中产生的碳而设计和实施的碳税、边境碳税调整、碳标志和碳标准等影响产品贸易的规章和标准。

17. 碳交易

碳交易即温室气体排放权交易。也就是碳减排购买合同或者碳减排购买协议(ERPAs)，其基本原理是，合同的一方通过支付购买获得温室气体减排额。买方可以将购得的减排额用于减缓温室效应从而实现其减排的目标。在6

种被要求减排的温室气体中，最主要是二氧化碳，所以这种以每吨二氧化碳当量为计算单位，通称为“碳交易”，其交易市场为“碳市场”。

18. 碳融资

碳融资是指为了落实《京都议定书》规定的清洁发展机制和联合履行机制，世界银行建立不同的碳基金，由发达国家企业出资，来购买发展中国家或其他发达国家环保项目的减排额度。例如，一家企业，本来一年的碳排放量是100 吨，现经过各种减排措施已经降到了一年 50 吨，比国家规定的最低标准还低了 10 吨，该企业就可以拿这 10 吨到市场上去卖，所获得的钱就是碳融资了。

19. 碳标签(carbon labelling)

根据对产品生命周期的分析，得出从原材料采购、生产、分销、零售、运输、消费者使用一直到废物处理、循环再造的碳排放量，并制作成产品标签。“碳标签”主要针对出口产品。或许在未来某一天，超市里的每一样商品上面除了原来的标签外，还有一个“碳标签”，上面标示了该商品从生产到循环再造期间的二氧化碳消耗量。

20. 碳普惠制

碳普惠制是对小微企业、社区家庭和个人的节能减碳行为进行具体量化和赋予一定价值，并建立起以商业激励、政策鼓励和核证减排量交易相结合的正向引导机制。碳普惠制是现行碳排放权交易机制的延伸和有效补充。

21. 碳排放税

碳排放税是指政府对企业的碳排放征税。澳大利亚的碳税法于 2011 年 1 月由议会通过，从 2012 年 7 月 1 日起对约 500 个碳排放最严重的企业强制性收碳排放征税，每吨 23 澳元(约每吨 24.70 美元)。例如，以后坐飞机去澳大利亚，很可能就要额外交碳排放税了。

第三节　低碳生活小常识

每年的 6 月 5 日是世界环境日，它促进了全球环境意识的增强，提醒世界各国人民关注环境问题，也表达了人们对美好环境的憧憬。践行低碳生活并不难，只需要我们多关注生活中的节能、低碳的环保小细节。下面分别从衣、食、住、行、用 5 个方面简单介绍一些低碳生活小常识。

一、低碳着装

一件衣服从原材料的生产到制作、运输、使用以及废弃后处理，都会排放二氧化碳。生活中，我们有很多方法可以尽量减少在消耗全部服装过程中的碳排放总量。

(1)不追求过分穿着，少买不必要的衣服，提高衣物的利用率。

(2)注意服装的面料。多购买天然面料、棉质的服装，少买化纤类的服装。以丝绸、棉布、麻布为主要原料的服装，有助于降低碳排放量。

(3)多用手洗，少用机洗，减少洗涤次数，少用洗衣粉。

(4)物尽其用。不合适的衣物可以回收捐赠，旧衣可以翻新，或制作成衣物收纳袋，或当成抹布使用。

二、低碳饮食

民以食为天，低碳饮食也是低碳生活中不可或缺的一部分。

(1)“谁知盘中餐，粒粒皆辛苦”，吃饭时珍惜每一粒米，不浪费，落实“光盘行动”。

(2)适量饮食，以满足需求即可，不必吃得太饱，节约资源又健康。

(3)严格控制碳水化合物的摄入量，适当素食，不购买野生动物产品。

(4)少吃烧烤类食物。

(5)选择当地当时当季的食物，尽量减少食物里程。

三、低碳居住

低碳居住主要提倡选择小户型，装修简朴，尽量选用环保材料等。

四、低碳出行

(1)以步代车，并且尽量使用自行车或公交，尽量选用小排量汽车。

(2)徒步代替电梯，不贪一时之便。

(3)上学多走路或骑单车，少坐校车。

五、低碳利用

(1)尽量在饭堂进餐，少打包，打包自带餐盒，少点外卖，少使用一次性餐具。

(2)学校多用太阳能，统一使用节能电器，提高学生的环保意识。

(3)不单独使用一间课室自习，教室做到人走灯灭，人走扇停，空调开时关门窗、风扇。

(4)尽量双面打印，少接收确实不感兴趣的活动传单。

(5)开发室内分类垃圾桶，分类垃圾桶覆盖校园，普及传单回收箱并开发

稿纸自取箱。

(6)回收快递盒、包装盒等纸盒以再次利用。

(7)不频繁更换电子产品。

(8)控制宿舍用电。例如：电脑不连续使用要让其处于待机状态；手机充电器在充电后及时拔掉，手机屏幕亮度调到适中；宿舍的饮水机在白天上课和晚上睡觉时关闭，使用时再打开；给空调设置定时，避免持续开空调。

(9)过期香水可放在洗拖把的水里，洗衣水用来冲厕所等，使资源多级再利用。

六、大学生低碳生活实例

(1)宿舍人少时可以开自己的台灯，不开日光灯。少用灯泡1小时，就减少0.041千克的碳排放量，省1千瓦时电，就减少0.638千克的碳排放量。

(2)在吃午餐时，关闭电脑及显示器，可将这些电器的碳排放量减少1/3。室内种植一些净化空气的植物，会让人心旷神怡。生活中常见的吊兰、常春藤、芦荟以及绿萝净化能力非常强，可吸收空气中的有毒物质；菊花以及秋海棠不仅观赏价值高，其对甲醛的吸收能力也非常强。

(3)办一个“跳蚤市场”，毕业生把自行车、电脑、书籍、文具、生活用品等转售，既锻炼了个人的商业头脑，又获得一定的收入。最重要的是旧物循环利用，低碳环保。

(4)宿舍内吃饭，自备筷子勺子，打包带饭盒。

(5)自制的环保酵素(果皮、红糖、加水，密封一月)，酵素可以洗碗、涮锅。

(6)在宿舍把闲置的衣服，通过简单的改造，做成的收纳袋。四个口袋可以装很多化妆品和日用品。

(7)利用快递盒等自制鞋架、书架和收纳盒等。鞋架可以放几双鞋子，书架可以放很多书，收纳盒可以放很多化妆品和一些零碎的东西。

(8)用报纸等做成衣服穿在身上进行时装表演，宣传低碳环保。学校也经常举行旧衣服捐赠、回收活动，把闲置衣服捐出去，避免浪费。

(9)一瓶水洗车的实验，洗车材料包括：1瓶自来水(500毫升)、1个喷雾瓶、2条干毛巾、洗洁精、刷碗擦。清洗过程很简单，先用喷壶在整个车身喷一遍水，然后在车身上滴入洗洁精，用刷碗布擦拭车身。再用干毛巾擦拭车身，再用喷壶给车身喷水，最后用另外一条干毛巾擦拭车身。实验很成功，半瓶水20分钟可以洗干净一部车，洗车成本不到2毛钱，节约了洗车费用(现在该车库洗车的费用一般都是四五十元)和大量的水，也锻炼了身体。

(10)锡箔纸用完以后的纸筒上缠上两三根皮筋，就可以用来收集头发。过程很简单，拿着卷纸筒在枕头、床单、沙发上来回滚动，就会有头发卡在橡皮筋上，再把头发拿出放入垃圾桶。

以上只是简单介绍了生活中各方面的低碳小技巧，在后面章节中会针对各个方面作更详细的介绍。

第二章 低碳着装

第一节 服装的环境污染问题

人类因为拥有创造力，学会了穿衣保暖，从而可以节省能量，使活动范围更加广泛。服装至今依然是人类重要的发明，并引领时尚潮流的方向。但与此同时，服装也带来一系列环境污染问题。2011 年 7 月 13 日，绿色和平组织一份关于《时尚之毒——全球服装品牌的中国水污染调查》的报告揭示了由于纺织工业向江河湖泊排放有毒有害物质造成的水污染对生态环境和人体健康带来的严重威胁。报告以长江三角洲和珠江三角洲的两家纺织工厂为对象，在废水样本中发现有烷基酚(NP)、全氯化合物(PFC)、全氯辛酸(PFDA)、全氯辛烷磺酸(PFOS)等极具危险性的物质。近年来，类似的服装质量问题和环境污染问题层出不穷。服装的“一生”，从原材料的生产到制作、运输、使用以及废弃后的处理，都在排放二氧化碳并对环境造成一定的影响。

一、服装的生产

根据美国一项调查研究显示，如果在棉花的生长过程中不使用化肥和农药，棉花的产量将下降 70%。因此，棉、麻等在种植过程中，为了提高产量和防止病虫害，难免需要消耗化肥和杀虫剂等。但是，这也使得化肥、农药和杀虫剂残留于棉花纤维中，一些具有毒性和难降解的化学物质也残存于成品中并对环境和人体造成伤害。还有以皮革为原料，制作过程需要消耗大量的能源和水，并且需要使用许多有毒物质，包括甲醛、煤焦油、染料和氰化物等。

二、服装的制造

多年来，我国传统纺织服装产业的发展路线是“拼资源，拼消耗”，粗放式的模式使能源消耗付出了巨大的代价，带来的环境污染问题也相当严重。纺织业是中国经济发展的一个重要行业，占中国贸易总额的7.6%。其带来的环境污染主要源于生产过程的废水、废气和噪声。

1. 废水

废水是纺织服装业中主要的环境问题。纺织部门是一个用水量和排水量大的工业部门之一，纺织行业废水排放总量有20亿吨以上，位于各行业废水排放量的前5位。近年来纺织服装工业废水排放情况见表2-1，在节能减排政策的影响下，废水排放量和化学需氧量（COD）、氨氮排放量开始逐年降低。

表2-1　2011—2015年纺织服装行业工业废水排放情况

年份	纺织服装工业废水排放量/万吨	占全国废水排放总量/%	COD/吨	占全国废水中COD排放总量/%	氨氮/吨	占全国废水中氨氮排放总量/%
2011	260 680	12.24	310 614	9.65	21 898	8.35
2012	254 321	12.51	293 368	9.65	20 796	8.59
2013	220 025	4.47	271 645	9.52	19 332	8.60
2014	213 922	11.44	258 304	9.41	18 405	8.74
2015	201 679	11.11	227 852	8.92	16 547	8.43

数据来源：根据历年《中国环境统计年鉴》整理得出，纺织服装工业排放量为“纺织业”和“纺织服装、鞋、帽制造业”相加。

纺织废水主要包括印染废水、化纤生产废水、洗毛废水、麻脱胶废水和化纤浆粕废水等。印染废水是纺织工业的主要污染源，不仅排放废水量大，而且污染物总量多。印染废水中的污染物质主要来自纤维材料、纺织用浆料和印染加工所使用的染料、化学药剂、表面活性剂和各类整理剂。从印染加工工艺来看，印染废水主要由退浆废水、煮练废水、漂白废水、丝光废水、染色废水和印花废水组成，具有高浓度、高色度、高pH值、难降解、多变化等特征。棉制品的印染耗水达300升/千克，除少量蒸发外，大部分成为废水。印染过程中，2%的纤维与10%~20%染料都进入排水中，印染废水成分复杂，颜色深，化学需氧量（COD）浓度可达每升数千甚至上万毫克，非常难以生化降解。

另外，传统的印染加工过程会产生大量的有毒废水，加工后废水中一些有毒染料或加工助剂附着在织物上。如甲醛、荧光增白剂和柔软剂具有致敏性；聚乙烯醇和聚丙烯类浆料不易生物降解；含氯漂白剂污染严重；一些芳香胺染料具有致癌性；染料中含有害重金属等。相关资料显示，19世纪，各国因职业性接触芳香胺而引起的膀胱癌人数高达3000人。德国卫生部门发

现，使用品红、金胺和萘胺等染料的人群的膀胱癌发病率明显增高，瑞士也发现生产染料的工人极易患白血病。欧洲染料制造工业生态学与毒理学协会通过大量的实验筛选出多种芳香胺类染料，其中有 20 种的致癌性最强。

2. 废气

纺织业废气的一个主要来源是绝大多数以煤为燃料的锅炉在燃烧过程排放出大量的燃烧废气、二氧化硫和烟尘。另一主要排放源来自纺织生产工艺过程。因为，在化学纤维尤其是黏胶纤维的生产过程也会排放废气。近几年全国纺织服装行业废气排放情况见表 2-2，二氧化硫、氮氧化物和烟尘的排放量开始逐年降低，这与加大实施大气污染防治有关。

表 2-2　2011—2015 年纺织服装行业工业废气排放情况

年份	工业二氧化硫排放量/吨	工业氮氧化物排放量/吨	工业烟(粉)尘排放量/吨
2011	291 554	83 028	110 232
2012	286 491	81 622	100 224
2013	271 530	77 272	97 522
2014	252 957	75 223	93 919
2015	235 332	72 148	86 373

3. 噪声

噪声污染也是纺织服装行业中存在的比较严重的问题之一。如棉纺织厂由于大量使用梭织机，厂内噪声可高达 106 分贝，超出人耳对噪声的最大允许值 85 分贝。噪声污染对听力造成损害并诱发多种疾病，干扰人类正常生活和工作，特强噪声还会对仪器设备和建筑物结构造成危害。

三、服装的使用和废弃后处理

服装的使用过程会经历多次的洗涤，而在洗涤过程中添加的洗涤剂会对人体及自然环境产生不同程度的危害。例如，部分洗涤剂中的合成芳香物质和烷基硫酸盐会伤害人体的神经系统和血液循环系统；含有表面活性剂的洗衣粉在使用过程还会对人体表面皮肤造成腐蚀。而洗涤废水中可能含有的三聚磷酸钠很容易造成水体富营养化，破坏生态系统和食物链。此外，洗涤剂中的助洗剂和荧光剂也会对人体和环境造成影响。

最后，衣物的废弃处理，以焚烧处理法为例，焚烧过程消耗了煤炭、电力等能源，如果焚烧过程操作不达标还会产生大量的污染物，包括烟气、灰烬等。

由此可见，服装的“一生”对环境产生的污染问题不容忽视。

第二节 服装产业碳排放分析

一、碳排放概述

我们身上所穿的服装，从棉花、亚麻等原材料开始，历经漂白、染色等工艺变成纱线、面料，制成成衣之后经过物流和使用，直至最终变成垃圾填埋降解或焚烧，在其生命周期的每一个环节都与环境、资源密切相关，每一个环节都在排放着二氧化碳，如图 2-1 所示。

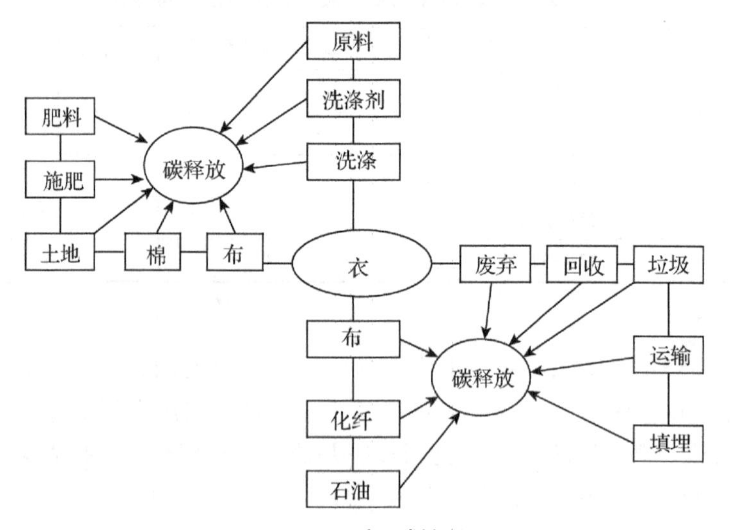

图 2-1 “衣”碳链图

有的环保机构将低碳服装给予量化，一件约 400 克的 100%涤纶裤子在经过原料采集、生产制作、销售直到消费者手中多次洗涤、烘干、熨烫后，其全部耗电量约为 200 千瓦时，如果电能由煤提供，则会排放出约 47 千克的二氧化碳，相当于裤子本身重量的 117 倍。英国剑桥大学的鉴定结果是，一件 250 克的纯棉 T 恤，从原材料提取到最后的回收或焚烧，“一生”耗电量约等于 30 千瓦时，碳排放量为 7 千克。

纺织服装在诸多环节都存在着节能减排问题，下面从四个部分了解各个环节的碳足迹：服装纤维的提取；染色、加工成衣到制作成衣；运输到终端零售店的过程；服装使用过程中的洗涤、烘干、熨烫的过程。

二、服装产业链的碳排放分析

1. 服装纤维的提取

一件250克的纯棉T恤，在纤维提取过程中排放的二氧化碳约为1千克，一件重400克的涤纶裤子在纤维提取过程中需要排放约3.29千克二氧化碳，分别是其自身重量的4倍和8.2倍。纯棉T恤的各环节碳排放量占整个环节碳排放总量的14%(图2-2)，涤纶裤纤维提取过程碳排放量占整个环节的7%(图2-3)，占比不是很大，排在第3位。

有研究表明，棉麻等天然织物不像化纤那样由石油等原料进行人工合成，因此消耗的能源和产生的污染物相对较少，大麻布料对生态的影响比棉布少50%，用竹纤维和亚麻也比棉布在生产过程中更省水和农药。在低碳服装选择上，我们应尽量选择大麻纤维、棉布等天然织物制成的服装。

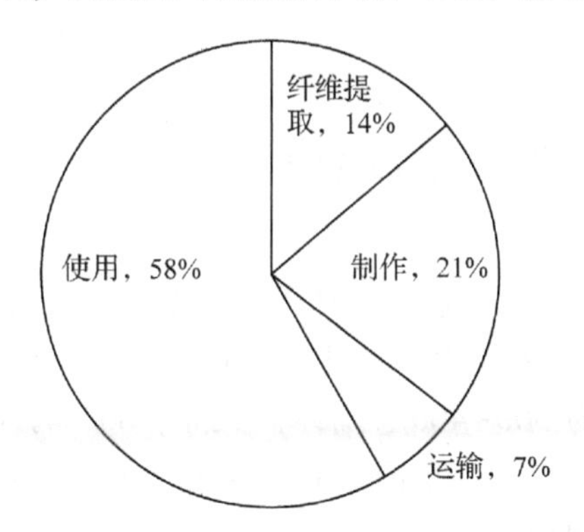

图2-2　纯棉T恤衫各环节碳排放量比重

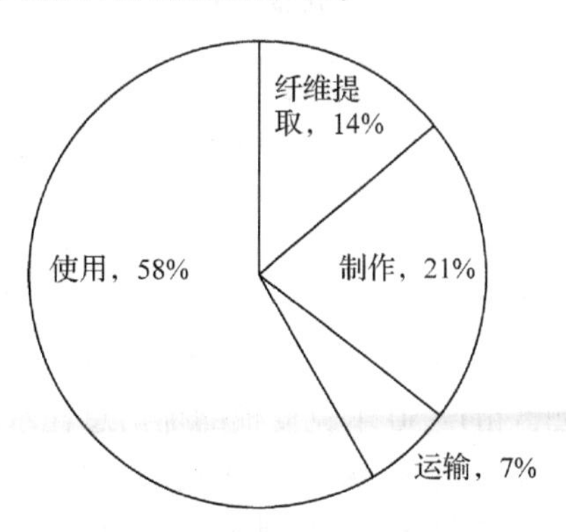

图2-3　涤纶裤各环节碳排放量比重

2. 染色、加工、成布料到制作成衣

一件250克的纯棉T恤，从染色、加工布料到成衣制作环节会排放约1.5千克二氧化碳，一件400克的涤纶裤子在成衣制作过程中碳排放量约6.11千克，分别是其自身重量的6倍和15.3倍。纯棉T恤在此环节碳排放量占整个环节的21%，涤纶裤碳排放量占整个环节的13%。

生产环节的减排，是近年来纺织服装业一直在做的。在这个环节，可以通过技术创新实现节能降耗。

3. 从纤维提取到终端零售店的运输过程

一件250克的纯棉T恤，运输环节碳排放量约为0.5千克，一件400克的涤纶裤子在运输过程中碳排放量约为1.41千克，分别是其自身重量的2倍和3.5倍。这个环节的碳排放量在整个环节中所占比重最低，纯棉T恤为7%，涤纶裤为3%。运输环节中二氧化碳的排放量对纺织业的减排影响较小。

4. 服装使用过程中的洗涤、烘干、熨烫

一件250克的纯棉T恤，在使用过程中排放二氧化碳约4千克，一件涤纶裤使用过程中碳排放量约36.19千克，分别是自身重量的16倍和90.5倍。在使用环节的碳排放量占整个环境碳排放量的比例，纯棉T恤为58%，涤纶裤为77%，服装在使用环节排放的二氧化碳是最高的。研究表明，60%的碳排放是在衣服清洗和晾干过程中释放的。表2-3也说明服装消费环节对全球环境变暖的占比在服装生命周期中是最大的。

表2-3 服装生命周期温室气体影响潜值占总数比例 %

影响类型	服装生物周期各阶段				合计
	纤维获得	织物获得	服装制造	服装消费	
全球变暖	5.65	6.97	2.78	84.60	100

资料来源：陈建伟等，2009。

第三节 低碳服装的选择

全世界所生产的化学物质，25%用于纺织业。具体的生产数据并没那么简单。例如，一条牛仔裤在制作过程中可能排放二氧化碳多达33.4千克。再如，亩产50千克皮棉的棉田总耗水量为300~400立方米。又如，60%的人买了却从来不穿的衣物可达10件之多。所以，实现消费的低碳化，是一种新的生活消费方式，低碳服装正成为一种新时尚。

一、理性消费

“衣不如新”。如今，服装款式多样，每年、每季甚至每月一更，很多人为了“跟上潮流”盲目地购买衣服。但是，堆积如山的衣物，有多少是我们真正常穿的呢？少买不必要的衣服，每人每年少购买一件不必要的衣服可以节约2.5千克标准煤，相当于减排二氧化碳约6.4千克。如果全国每年有2500万人做到这一点，就可以节能约6.25万吨标准煤，减排二氧化碳约16万吨。

二、面料选择

前面提到，一条约400g的100%涤纶的裤子，在其生命周期中消耗的能量大约是200千瓦时，相当于排放47千克二氧化碳，是其自身重量的117倍。皮革的生产过程也消耗了大量的能源并产生很多有毒有害物质。因此，践行低碳服装，面料的选择尤为重要。传统人造纤维的加工处理过程中会使用大

量的化学产品；化学纤维、聚酯纤维、尼龙、有机玻璃，它们由石油衍生物所制成，因而不具有生物分解性。石化纤维的制作、加工与处理，需要消耗大量的能源，并产生大量污染物质，对生产者和消费者的健康也会造成危害。相比之下，天然纤维，如麻、亚麻和有机棉等在生产环节消耗的能源和产生的污染物都相对较少，而且更耐用和健康。

三、低碳使用

首先，应选用节能洗衣机。节能洗衣机比普通洗衣机节电50%、节水60%，每台节能洗衣机每年可节能约3.7千克标准煤，相应减排二氧化碳约9.4千克。如果全国每年有10%的普通洗衣机更新为节能洗衣机，那么每年可节能约7万吨标准煤，减排二氧化碳约17.8万吨。

其次，服装在使用过程的洗涤、烘干、熨烫等环节，要消耗水和电。因此，我们应当尽量减少洗涤次数，手洗代替机洗。如果每月用手洗代替一次机洗，每台洗衣机每年可节能约1.4千克标准煤，相应减排二氧化碳约3.6千克。如果全国1.9亿台洗衣机都因此每月少用一次，那么每年可节能约26万吨标准煤，减排二氧化碳约68.4万吨。

再者，应尽量减少洗涤剂的使用，少用1千克洗衣粉，可节能约0.28千克标准煤，相应减排二氧化碳约0.72千克。如果全国3.9亿个家庭平均每户每年少用1千克洗衣粉，1年可节能约10.9万吨标准煤，减排二氧化碳约28.1万吨。

最后，尽量利用自然日光和风晾干衣服。

四、关注新型低碳生活方式

有一个商业模式，能帮助女孩不停换新衣服又不多花钱。如共享时装平台LE Tote做的是租衣服的生意，把衣服的所有权拆分为“使用权，处置权，获益权”，然后单独处置“使用权”的过程。用户支付一定的费用，每月都可以有几件漂亮的新衣服穿。

第四节　低碳着装实例

下面以小莹同学低碳着装为例。

2017年夏天，某服装店进行换季打折活动，小莹购买了一件纯棉T恤、一条主要面料为麻的松紧裤和一条丝袜。

广州的春夏秋季气温都较高，小莹穿的衣服都比较轻薄。如果衣服不多，小莹宿舍的同学都会用手洗衣服，洗涤水用于拖宿舍地板或清洗卫生间。

2017 年冬季，小莹宿舍约定没有晚课的话，每天晚上在 9 点前洗澡，这样可以错过用水高峰期。在 10 点前一起用洗衣机洗衣服，尽量减少洗涤次数。另外，睡觉前将衣服晾好，到第二天晚上，衣服基本能干。

2018 年，小莹之前购买的松紧裤的裤头变松了。她将裤子拿到改衣店更换新的皮筋。

2018 年夏季，小莹的丝袜勾破了。她将丝袜的上部分剪下来套在了扫把上面，轻松地清扫地板上的头发。

期间，学校举办了衣物捐赠活动。小莹整理出穿不到的衣服参与活动。

2019 年，小莹 2017 年购买的 T 恤和裤子不能穿了。小莹将裤子剪成了几段当抹布使用。而衣服则制作成了收纳衣，如图 2-4 所示。

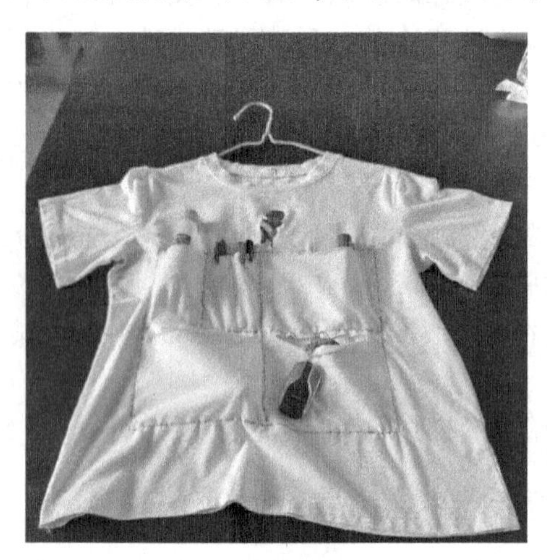

图 2-4　收纳衣

第三章　低碳饮食

第一节　低碳饮食的定义

“低碳饮食”最初作为一种减肥方式为人们所知，其强调不吃主食，以果蔬为主。低碳饮食原意指低碳水化合物饮食，主要注重严格限制碳水化合物的摄入，增加蛋白质和脂肪的摄入量。现今，“低碳生活”理念深入人心。民以食为天，低碳饮食毫无疑问地成为低碳生活中的一员。本章讨论的低碳饮食主要是指在食品的生产过程和消费过程中(包括加工和运输)，耗能低、二氧化碳及其他温室气体排出量少的食物，即尽可能地减少食物里程。建立一种低碳、多蔬、低卡路里饮食的生活态度，是可兼顾营养、健康和环保的最优选择。

第二节　饮食的碳排放

饮食的碳排放主要源于两方面：一是食品的外包装，“里三层外三层”是以往食品包装的经典模式；二是生产原材料和工艺。

一、食品包装的碳排放

我国是一个食品生产和消费大国，食品包装占商品包装总量的70%。例如，我们常见的零食大礼包(图3-1)，大包装袋里套着几包独立包装的零食，而其中两包零食内又套着一份份小的包装，一份可能不足0.5kg的“大礼包”，里里外外却套着至少三层包装，能拆出20多件包装“衣”。还有一类我们熟悉的食品——月饼(图3-2)。据调查，抽选40种不同价位月饼和高档价位月饼，其中有30种月饼的外包装都超过三层，一般价位月饼的外包装普遍有四层，

图 3-1　零食大礼包

图 3-2　月饼

而高档价位的月饼，不仅包装层数多，而且十分奢华。

食品的包装材料涵盖了料、纸、玻璃、金属、陶瓷等，包装行业属高污染、高排放的行业。如常用的瓦楞纸箱，通过对其生产工艺进行探析，发现对环境的主要影响有消耗化石能源(生产过程中煤、电的使用)、排放温室气体和酸性气体(燃煤发电过程中排放的气体)以及富营养化(制淀粉胶机清洗水和印刷机清洗水的排放)。而且包装材料在废弃处理时也会对环境造成影响，如纸包装中的非木材浆，它的使用数目庞大，原材料为稻秆、麦秆等农业废弃物，若进行焚烧处理，将会全部转化成二氧化碳，产生大量温室气体。显然，食品包装行业在减少碳排放、践行低碳经济方面承担着重要责任。

当然，如今的食品包装行业也在紧跟低碳的步伐，低碳包装的理念盛行，它主要是指遵循低碳经济、节能环保的发展理念，走可持续发展的道路，进行低能耗、低排放、高安全性的绿色包装，并且贯穿在产品的设计、生产、使用和回收中。资料显示，回收废纸制浆比木材制浆能节约能源和水资源50%~70%；回收废塑料制成包装容器比用树脂制成新包装节约能源 85%~96%；回收铝两片罐比开采铝矾土矿制成新罐能节约能源 95%；回收废铁桶罐和玻璃容器制成新包装，也比用铁矿石和石英砂生产包装节约能源 50%~75%。由此可见，包装的回收再利用不仅可以弥补我国废钢铁、废纸等回收资源的不足，而且直接减少了能源的消耗和碳排放，促进低碳经济的发展。

二、原材料的碳排放

据统计，约 18%的温室气体来自农牧业相关的排放，全球畜牧养殖排放的温室气体占整个农业排放的温室气体总额的 78%。如果把 20%当作全球范围内动物性食物占总食物的比例，那么，占食物总量 20%的动物性食物，排

放了近80%的温室气体；而占总量80%的植物性食物，只排放了20%。每一类食物的碳排量都会不同，下面介绍几种常见食物每生产1千克时的碳排放量(以二氧化碳表示)，并与汽车所行驶里程产生的碳排放量作对比(表3-1)。

表3-1　常见食物的碳排放量

食物	排放的 CO_2/千克	汽车里程/千米
土豆	0.26	1.2
苹果	0.30	1.4
芦笋	0.40	1.9
猪肉	1.4~5.0	17.9
牛肉	14.8	69.6

另外，联合国粮食及农业组织的计算表明，生产1千克的牛肉、猪肉、鸡肉和鸭肉，分别需要10千克、4~5.5千克、2.1~3千克的谷物。同时，生产1千克牛肉的生产过程中使用的化学肥料相当于释放340克的二氧化硫和5克的磷酸盐，耗费16.9万千焦的能量，足以点亮1个100瓦的灯泡20天。还有，1份牛肉汉堡在制作过程中排放出接近自身重量30倍的温室气体。在美国，若以每人平均每周消耗2个牛肉汉堡计算，全年因生产牛肉汉堡产生的碳排放量接近1.8亿吨，而一辆汽车每年不过排放11.1吨二氧化碳。再者，德国研究人员的研究也表明，如果以某汽车(118天)行驶里程的排放量来表示，生产1千克农产品的温室气体排放量，由小而大，依次为冬小麦、牛乳、猪肉、乳牛肉、奶酪、公牛肉。依据生产粮食产品的不同方式，主要分有机农产品和传统农产品两种方式，也可得出相同的结果。

综上可见，肉类食物的生产过程耗能高、碳排放量多，是“高碳”食物，而谷类等碳水化合物则是“低碳”食物。

第三节　低碳食物的选择

前面提到，低碳服装要关注其原材料的生产到制作、运输、使用以及废弃后的处理。而低碳饮食也类似，因为食品的生产加工、包装、储运、食用以及后处理等环节都会排放二氧化碳并对环境产生影响。本节主要介绍如何选择“低碳”的食物。

一、粗加工，简包装

低碳食品最重要的是选择完整的、少人工添加物、无化学肥料、无农药、天然形态的天然食物；减少加工的程序和一些化学添加剂的使用，精细加工过的食品可能会有更多的食品添加剂加入，这些精心加工的食品的碳排放量远远高于天然食物。而且，长期使用富含添加剂的食物也会给人体肝、肾增加负担。吃一个苹果，而不是一杯苹果汁；吃一个马铃薯，而不是一包薯片。摄取完整无害的食物，可获取直接的营养成分，又减少了加工、包装等储藏过程中的巨大能耗，不仅收获健康，还能低碳环保。另外，少选择过度包装、过小包装的食品，多选择简装、大包装或包装材料可回收、可再生的食品，这都有助于减少能源消耗与对环境的不良影响。

二、“低碳”的食物

1. 谷类

“五谷为养”，谷类(如稻、麦、黍、菽、稷)是养育人体的主食。现今，很多人喜欢选择精细加工的细粮或者是西点面包、糕点等。事实上，全谷根茎类的营养价值更高、更全面，碳排放量更低。谷类含有碳水化合物、蛋白质和脂肪，还有不饱和脂肪酸、维生素、纤维素和一些微量元素含量也比较丰富，因而能减少和预防心血管病、糖尿病、肾病、癌症等。而且，没有精加工的糙米、地瓜及杂粮富含纤维素、维生素及矿物质各类营养成分，对人体健康很有益。因此，食用时尽可能选择未经加工过的粗粮和精加工过的细粮搭配，同时还可以添加一些红豆、绿豆等豆类更符合现代营养学观点和低碳生活的理念。

2. 肉类

低碳饮食并不是不吃肉类，而是少吃肉，并多吃“白肉”少吃“红肉”。四条腿的肉类包括猪肉、牛肉、羊肉和狗肉等，是营养学上的“红肉”，含有很高的饱和脂肪酸和胆固醇，过多食用会导致肥胖甚至疾病；两条腿及无腿肉类主要指鸡肉、鸭肉、鱼虾和蛋等，俗称“白肉”，优质蛋白和不饱和脂肪酸含量较高，营养成分容易被人体吸收，相比“红肉”对人体更有好处。在常见的肉类中，鸡肉是最低碳的，而且鸡将植物蛋白转化为动物蛋白的效率相比于牛和猪都要高。另外，前面也有提到，肉类食物的生产过程耗能和碳排放量都要比谷类多。因此，合理地选择和搭配才能更好地均衡营养和减少碳排放。

3. 果蔬

时令果蔬是低碳饮食的“主力军”。现今，很多人的饮食缺乏纤维素，长期下来可能会造成肥胖、代谢症候群以及心血管疾病，短期则可能造成便秘、痔疮等现象。而果蔬是解决这一问题的灵丹妙药。果蔬中蛋白质、维生素、

无机盐及纤维素等营养元素的含量比较高，且易被人体吸收。当然，要优先选择时令果蔬。时令果蔬在正常的季节产出，不仅新鲜，且营养价值和品质比反季节高，还避免生产中过多的农药、生长剂、保鲜剂、催熟剂等药剂的使用。

低碳食物的选择除了关注时令，还应关注食物里程。“一骑红尘妃子笑，无人知是荔枝来”，这是一段家喻户晓的诗句。虽然现在交通和物流业发达，但反季节的果蔬和长途运输的食品会消耗更多的能源，对环境产生的影响也更大。

4. 饮用类

水是维持正常体内代谢循环所必需。平常自带水壶，少购买瓶装水及含糖饮料，是减少不必要的人工果糖和减碳的好方法。奶类从奶牛的饲养到牛奶的生产，其碳排放量都比较高，应根据所需适量摄取。聚会时喝的酒类。相关数据显示，在夏季里如果一个人每月少喝 1 瓶啤酒，1 年可节能约 0.23 千克标准煤，相当于减排二氧化碳约 0.6 千克。从全国范围来看，每年可以节能约 29.7 万吨标准煤，减排二氧化碳约 78 万吨。1 个人 1 年要是少喝 0.5 千克白酒，可节能约 0.4 千克标准煤，相应减排二氧化碳约 1 千克。如果按照我国有 2 亿“酒民”计算，若是每个人每年都少喝 0.5 千克，每年可节能约 4 万吨标准煤，减排二氧化碳约 10 万吨。因此，全民少喝酒，减碳很可观。

第四节　低碳饮食实例

如何践行低碳饮食？其实很简单，下面从三个生活小细节介绍低碳饮食。

一、光盘行动

光盘行动的首要步骤是选购食材。对于低碳食物的选择，前面一节已经作了介绍，总的来说，就是多选简工、简装、当地、当时、当季的食材，多白肉，少红肉。然后是进餐过程，应当注意“$n-1$”。“$n-1$”是指在外就餐时，应注意点餐的数量，根据人数和食量以及份量选择。一般，点菜数量为就餐人数减 1 比较合适。少浪费 0.5 千克粮食(以水稻为例)，可节能约 0.18 千克标准煤，相应减排二氧化碳 0.47 千克。如果全国平均每人每年减少粮食浪费 0.5 千克，每年可节能约 24.1 万吨标准煤，减排二氧化碳约 61.2 万吨。还有，每人每年少浪费 0.5 千克猪肉，可节能约 0.28 千克标准煤，相应减排二氧化碳约 0.7 千克，全国平均每年可节能约 35.3 万吨标准煤，减排二氧化碳约91.1万吨。最后，对于剩下的饭菜应及时打包。但是，隔夜菜冰箱贮存及复热也会增加碳排放，且隔夜菜会产生亚硝酸盐类致癌物质，对人类健康不利。因此，在家或外面就餐尽量每顿光盘。

二、尝试素食

素食主义其实是一种秉承回归自然、回归健康和保护环境的文化理念的饮食文化，现在已经成为一种环保、健康的生活方式。有的人认为素食会导致人体营养不均衡，但其实素食者的饮食结构包括豆类、坚果类、水果蔬菜和粗粮。这个饮食结构包含了蛋白质、维生素、矿物质、纤维等营养元素，不仅能满足人体所需，还能预防多种疾病，如心血管疾病、糖尿病、黄斑病变、白内障等。最重要的是，食素可以减少饮食碳排放，减少土壤、水和其他重要自然资源消耗。当然，这个饮食习惯需要慢慢地改变。如在烹饪中尝试多用植物油少用动物油，在日常饮食中以面筋、大豆蛋白块、豆腐、各种素肉等植物蛋白代替猪肉、牛肉等动物蛋白。

三、低碳烹饪

1. 提高食材利用率

很多过期、变质的食物或者烹饪剩余的食材都仍然具有利用价值。例如，没有气的汽水因为含有较多的糖分，可以使枯萎的花复活；鸡蛋壳和温水可以清洗沾满茶渍的瓷杯；发霉的面包，去掉长霉的部分，由于其原来含有麸质，能修复白墙上的刮痕；变酸的牛奶能溶解锈，因此可以清洗生锈的餐具等；土豆皮可用于烘焙椒盐土豆皮；清洗后的萝卜皮、花椰菜梗可以做成凉拌腌菜；芹菜叶可以煎蛋、猪大骨可以熬煮天然高汤；苹果皮和果芯可以煮成苹果酱。还有，将新鲜的苹果皮放入变黑的铝锅中，加水煮沸1分钟后用清水冲洗，就可以把锅清洗干净；平常炸食物用过的废油、餐巾纸也可再利用(步骤：将厨房用纸浸泡在油里，浸透为止。用浸了油的纸巾擦拭有油污的抽油烟机。5分钟后再用热水冲洗，抽油烟机就会很干净了。原理：由于油类之间相互接触容易产生渗透，所以在油渍上涂抹废油后，能比较容易地去除油渍)。

2. 烹饪方式

研究表明，厨房是室内空气污染的大源头，其污染源主要有两个：一是煤气、液化气等厨房火源，其燃烧时可能释放出一氧化碳、氮氧化物等有害气体；二是烹饪时产生的油烟，以及食品在高温加热时产生的有害物质。在一个通风系统差、燃烧效能极低(煤气燃烧不充分)的环境中，采用高温煎、

烤、炸等方式做饭1小时，对身体造成的损害，相当于吸了半包香烟，此时PM2.5>800。还有，食用油加热到150℃时，会产生具有强烈刺激作用的丙烯醛，损害鼻、眼和咽喉黏膜；当油加热到200℃以上，产生的油烟中的有害物质会更多；当油烧到350℃“吐火”时，可能会使人产生“醉油”症状，长期在这样的环境中，还会增加呼吸和消化系统患癌的风险。而传统的中国式烹饪方法，如炒、爆、炸，油温都在260℃以上。

因此，煎炸炒烤的烹饪方式会产生许多油烟以及各种致癌物质，不仅污染空气、破坏环境，而且对人体健康造成极大的危害。特别是在家中，有害物质无法扩散，无形中提高了癌症等疾病发生的概率，更不符合“低碳”要求。既然煎、炸、炒、烤不可取，那什么烹饪方式才符合“低碳”标准呢？答案是多采用水煮、煲烫和清蒸、凉拌、白灼等简单加工方式，一方面减少污染物和废气的排放，对空气和环境有益；另一方面也是保证人体健康的“低碳”烹饪方式。另外，应注意烹饪的时间，过度烹饪不仅会使食物丧失营养物质，还会浪费能源。例如，广东的老火靓汤，可以将煲汤的时间缩短在2小时内，或选择真空焖烧锅来煲汤。这样不仅可以减少因嘌呤过多而引发的高尿酸血症，还减少了能耗，是真正的“靓”汤。

3. 烹饪工具

烹饪所使用的炉具和锅具的选择也是低碳烹饪的重要一员。燃气灶至今依然是厨房中最常见的炉具，如何节省用气非常重要。一般有以下几种方法：①选用节能锅具并定期清洗锅具底部，有助于加快锅具的传热。例如，旋火灶比直火灶省3%～5%的用气量，台式灶比嵌入灶省5%的用气量；②定期清洗燃气灶芯喷嘴，防止因堵塞而浪费燃气。如果发现每次开煤气炉时，不容易点着火，或者火焰呈红色（非紫蓝色），显示火力不足的现象，就要清理炉芯。可以用旧的牙刷去除阻塞的煤灰炭或食材残羹；③做饭前打开窗户，有助于燃气充分燃烧，也可以节省燃气；④烹饪时，火焰分布范围与锅底相当即可，实验证明，中火烧水最省气。另外，锅底与炉头应在最佳距离以减少热量散失，据测算一般以20～30毫米为宜。

4. 其他

（1）购买食材时，自备环保袋，少使用菜市场的塑料袋。清洗、收集回收使用过的塑料袋以再次利用。

（2）尽量选择在饭堂完成就餐，少点外卖，少打包，打包时自带餐盒，避免使用一次性餐具。

总之，低碳饮食是低碳生活的重要组成，是一个更环保更健康的生活理念！

第四章 低碳居住

第一节 低碳建筑

一、建筑对环境的影响

站在纵横交错的街道上，一幢幢高楼相拥，鳞次栉比。建筑业的迅速发展不仅改善了人们的生活环境，而且推动了经济的发展。但是，建筑业给环境带来的不良影响日益严重。第 21 次联合国气候变化大会（COP21）中提出，建筑全寿命周期所消耗的能源占全球能源消耗的 30%。如果这样的消耗速度持续上升，到 2050 年，全球能源需求总量的 50% 将被建筑业所占据。建筑能耗已经与工业能耗、交通能耗并列为三大能源消耗产业。相关数据表明，我国建筑业消耗能源引起的碳排放量占所有能源消耗总排放量的 19%～20%。而且房屋建造过程中的碳排放量逐年上升，建筑业已成为主要的碳排放来源。

建筑施工以及所产生的建筑垃圾都可能对大气环境、水环境、声环境和土地资源造成不同程度的污染。

1. 大气污染

建筑施工对大气环境的污染主要有两个方面：一是施工过程的土方开挖，重型装载车运输材料过程的泄漏以及材料的装卸和堆放都会引起扬尘。继而造成空气能见度低，伤害人们的呼吸系统，影响沿线居民的生活及环境卫生，甚至对沿线农作物带来不良影响。二是施工使用的运输车辆排放的大量汽车尾气以及装修过程使用的涂料、油漆等材料，这些汽车尾气和材料都含有有毒有害气体并对大气环境造成污染。

2. 水污染

建筑施工过程产生的废水主要包括建筑工人的生活污水、泥浆水、混凝土养护废水等。这些废水如没有经过处理且不定向排放，对地表和地下水都

产生了影响。

3. 噪声污染

建筑施工产生的噪声污染危害集中、时间集中、位置固定，是环境噪声污染中最敏感的一种。施工使用的搅拌机、升降机、打桩机、切割机、重型装卸车等都是其中的噪声源。相关环境部门检测显示，施工现场的噪声可高达100分贝，严重超过人类正常居住环境所允许的最佳噪声范围(≤45分贝)。

4. 光污染

在日常生活中，人们常见的光污染的状况多为由城市高层镜面建筑反光所导致的行人和司机的眩晕感，以及建筑工地夜晚施工中不合理灯光对人体造成的不适感。光污染主要包括白亮污染、人工白昼污染和彩光污染，光污染正在威胁着人们的健康。

5. 破坏土壤环境

除了建筑本身占用土地外，施工过程的场地平整、基坑开挖等工程都会破坏周围地表植被，甚至造成水土流失，影响周围自然环境。近年来多地发生的地面坍塌事件多与城市高层建筑深挖打地基有关。

6. 建筑垃圾对环境的影响

相关报告显示，我国每年约产生35亿吨建筑垃圾。建筑垃圾的来源一般包括：建筑寿命到期的建筑，如危房拆除；城市建设，规划新城、城中村改造、违章建筑的拆除；公共建筑与家庭装修，如老房改造、二手房装修等，以及自然灾害或人为因素造成的建筑物损毁。除此之外，道路修建以及拆除过程中的建筑垃圾产生量也逐年增加。建筑垃圾主要有混凝土、金属、木材、玻璃、陶瓷、沥青、塑料、装饰装修的废料、包装材料等。处理建筑垃圾的方式有堆放、填埋、回填以及资源化处置等，其中露天堆放和填埋是目前我国最常用的方法。但这种处理方式不仅占用土地资源，而且长久堆积会对土壤、地下水和空气等产生污染。建筑垃圾污染环境，给人类健康带来威胁、带来安全隐患甚至引发自然灾害。

二、低碳建筑

综上，建筑业对资源的消耗以及环境的影响都不可小觑。随着低碳与可持续发展的理念不断深入，低碳建筑毋庸置疑成为其中的典型应用。低碳建筑是指在建筑材料与设备制造、施工建造和建筑物使用的整个生命周期内，最大限度地节约资源(节能、节地、节水、节材)，减少化石能源的使用；提高能效，降低碳排放量，保护环境和减少污染，为人们提供健康、适用和高效的使用空间，与自然和谐共生的建筑。而低碳住宅指低碳建筑中住宅这一子类，即人居建筑。将低碳、绿色、节能、环保的理念与建筑业结合，是实现人与自然和谐发展，均衡城市与自然生态的关键。

第二节　室内空气污染

一、室内空气污染概况

室内空气污染是指由于室内引入能释放有害物质的污染源或室内环境通风不佳而导致室内空气中有害物质无论是数量上还是种类上不断增加，并引起人体的一系列不适症状的现象。我们每天约有80%以上的时间在室内度过，并且随着生产和生活方式的改变，在室内活动的时间逐渐增多。室内空气质量与人体健康的密切度越来越紧密，人们对室内空气质量的关注度也随之升高。但据世界卫生组织(WHO)报告显示，全球近一半的人处于室内空气污染中。

20世纪中叶以来，一方面，由于民用燃料的消耗量增加、进入室内的化工产品和电器设备的种类和数量增多；另一方面，为了节约能源，寒冷地区的房屋建造得更加密闭，室内污染因子日渐增多而通风换气能力却反而减弱，这使得室内有些污染物的浓度较室外高达数十倍以上。室内空气污染具有累积性、长期性和多样性的特征。目前，室内空气污染物的种类已高达900多种，主要分为3类：①气体污染物。挥发性有机物(VOCs)是最主要的成分，还有O_3、CO、CO_2、NO_x和放射性元素氡(Rn)等。在室内通风条件不良时，这些气体污染物就会在室内积聚，浓度升高。有的浓度可超过卫生标准数十倍，造成室内空气严重污染；②微生物污染物。如过敏反应物、病毒、室内潮湿处易滋生的真菌与微生物；③可吸入颗粒物(PM10和PM2.5)。

室内空气污染的治理方式多样，包括物理吸附法、臭氧净化法、除尘法以及负氧离子净化法等传统方法，还有光触媒净化技术、超光触媒净化技术、植物净化技术等较为新型的手段。当然，引起室内空气污染的根源必须得到解决，例如：①从建筑设计和环境入手，推行环保设计，有效减少室内污染源的数量；②使用不含污染或低污染的材料，合理装修，减少污染；③改变生活习惯，控制吸烟和燃烧产生的排放。另外，加强通风尤为重要。特别是写字楼和百货商场等公共场所；一般家庭在春、夏、秋季，都应留通风口或经常开“小窗户”，早晨开窗换气应不少于15分钟，冬季每天至少早、午、晚开窗10分钟左右；学校最好利用体育课及课间10分钟开窗换气。注意厨房里的空气卫生，每次烹饪完毕必开窗换气；在煎、炸食物时，更应加强通风。预防冬季室内环境污染，首先应尽可能改善通风条件，减轻空气污染的程度。据调查资料，在空气不流通的房间内，空气中的病毒、细菌可随飞沫飘浮30余小时。如果经常开门窗换气，污浊空气可以飘走，病毒、细菌就难以在室内滋生繁殖。

二、室内空气污染源

1. 室内活动

人们的室内活动(如烹饪、吸烟、人体呼吸等)是其中一个重要的室内空气污染源。第三章中已经提到了烹饪可能对室内空气造成污染。尤其是一些仍然在使用煤作为燃料的居民，煤的使用可能会产生颗粒物、SO_2、NO_2、CO、多环芳烃等有害物质。20世纪80年代，云南省疾控部门对云南省宣威县肺癌高发原因进行调查研究，证实了当地燃煤的烟气中，含有大量致癌的PAH。另一项流行学调查发现，北方非肺癌高发地区的农民产生肺癌原因之一是冬季家中燃烧蜂窝煤而不安装烟囱。

吸烟是室内空气污染的主要来源之一，其烟雾成分复杂，有固相和气相之分。经国际癌症研究所专家小组鉴定，并通过动物致癌实验证明，烟草烟气中的致癌物多达40多种。此外，吸烟可明显增加心血管疾病的发病概率，是人类健康的“头号杀手”。

还有研究结果表明，人体在新陈代谢过程中，会产生约500多种化学物质。经呼吸道排出的有149种，人体呼吸散发出的病原菌及多种气味，其中混有多种有毒成分，决不可忽视。人体通过皮肤汗腺排出的体内废物多达171种，如尿素、氨等。此外，人体皮肤脱落的细胞，大约占空气尘埃的90%。若浓度过高，将形成室内生物污染，影响人体健康，甚至诱发多种疾病。

2. 室内物品

如今，人们生活质量不断提高，不仅追求“有瓦遮头”，更注重居住环境的舒适和美观。因此，装修所用材料日新月异，装修过程越来越复杂。但人们容易忽略了室内物品也是造成室内空气污染的头号污染源。例如，水泥、砖、石灰等建筑材料本身就含有放射性镭，待建筑物落成后，镭的衰变物氡(^{222}Rn)就会释放到室内空气中，进入人体呼吸道，是导致肺癌的病因之一。室外空气中氡含量约为10贝司/立方米以下，室内污染严重时可超过数十倍。地板革、地板砖、化纤地毯、塑料壁纸、绝热材料、脲—甲醛树脂黏合剂以及用该黏合剂黏制成的纤维板、胶合板等家具、装饰用品和装潢摆设也会释放多种挥发性有机化合物，主要是甲醛。还有，化妆品、洗涤剂、清洁剂、消毒剂、杀虫剂、纺织品、油墨、油漆、染料、涂料等日常生活和办公用品都会散发出甲醛和其他的挥发性有机化合物等物质，通过呼吸道和皮肤影响人体。国家卫生、建设和环保部门曾经进行过一次室内装饰材料抽查，结果发现有毒的材料占68%，这些装饰材料会挥发出300多种具有挥发性的有机化合物。

室内装修主要会产生化学性污染、物理性污染和放射性污染，甲醛、苯系物、氨气、氡和总挥发性有机化合物是最主要的五大污染物。

①甲醛。常存在于合成板材(如胶合板、细木工板、中密度纤维板和刨花板等)、胶黏剂、涂料、纤维制品等，是室内空气最主要的污染物。例如，使用脲—甲醛泡沫绝热材料(UFFI)的房屋，可释放出大量甲醛，有时可高达10毫克/立方米以上。长期接触会致人头痛、晕眩、恶心，对人体的肺、肝脏和免疫系统都有危害，并可能会导致白血病，被世界卫生组织确定为可疑致畸、致癌物质。通常情况下甲醛的释放期可达3~10年之久。

②苯系物。常存在于室内装修时使用的油漆、涂料、黏合剂、橡胶合成纤维等有机物中。吸附过多的苯也会令人头晕、恶心，严重时破坏人体呼吸循环系统。苯也是世界卫生组织确定的致癌物质之一。

③氨气。建筑施工中使用的混凝土外加剂、家具涂饰时所用的添加剂和增白剂等都可能会含有氨气。它的刺激性强，对眼结膜和皮肤黏膜的腐蚀性强，易造成咽喉肿痛、呕吐、呼吸困难甚至头晕等症状。

④氡。主要来源于房基土壤、矿渣水泥、花岗岩、黏土等建筑装饰材料。人体吸入Rn后，可能会导致呼吸道感染，呼吸不畅，甚至引发多种肺部疾病。Rn也被确认为是主要的环境致癌物质，是导致肺癌、白血病等疾病产生的隐蔽因素之一。

⑤总挥发性有机化合物(TVOC)。主要源于涂料、黏合剂、油漆等，是成分复杂的具有毒性的刺激性气体。短期的接触可使眼睛不适、喉咙干燥灼热、头昏脑涨等，长期接触会对中枢神经系统、肝脏、肾脏及血液造成毒害。

三、室内空气污染的受害群体

据中国室内环境监测中心提供的数据，中国每年由室内空气污染引起的超额死亡数可达11.1万人，超额门诊数可达22万人次，超额急诊数可达430万人次。严重的室内环境污染不仅给人们健康造成损失，而且造成了巨大的经济损失，仅1995年中国因室内环境污染危害健康所导致的经济损失就高达107亿美元。室内空气污染对办公室白领、妇女(尤其是孕妇群体)、儿童、

老年人和呼吸道疾病患者都会产生不同程度的危害。

如今，白领人群越来越多，办公环境变成了看不见的健康慢性杀手。复旦大学公共卫生学院教授夏昭林介绍，长期坐办公室者容易患“白领综合征”。现在卫生部门和越来越多的专家已认识到其危害性。

研究表明，室内空气污染特别是装修有害气体(特别是苯)污染对女性身体的影响相对更大，特别是孕妇，国内外众多案例表明，苯对胚胎及胎儿发育有不良影响，严重时可造成胎儿畸形及死胎。当室内空气中甲醛浓度在0.24~0.55毫克/立方米时，有40%的适龄女性月经周期出现不规律。

室内空气污染会诱发儿童的血液性疾病，增加儿童哮喘病的发病率，甚至影响儿童的身高和智力健康发育。中国环境监测总站研究证实，父母吸烟的孩子患咳嗽、支气管炎、哮喘等呼吸系统疾病的比例要比父母不吸烟的孩子高得多。还有调查显示，在吸烟家庭里成长到7岁的儿童的阅读能力明显低于不吸烟家庭的儿童。在吸烟家庭成长到11岁的儿童，阅读能力延迟发育4个月，算术能力延迟发育5个月。科学家对千余名儿童长期研究发现，家长每天吸烟的量越大，儿童身高所受的影响越大。而老年人由于身体各项机能及免疫系统都在下降，因此室内空气质量对老年人健康也会有很大的影响。

总之，室内空气污染物的来源很广、种类很多，且污染物若干种类同时存在于室内空气中，同时作用于人体而产生联合危害。

第三节　低碳建设与装修

一、低碳装修的概念

低碳装修(环保装修)是指在对房屋进行装修时采用环保型的材料进行房屋装饰，使用有助于环境保护的材料，把对环境造成的危害降低到最小。环保装修以减少温室气体排放为目标，以低能耗、低污染为基础，注重装修过程中的绿色环保设计、可利用资源的再次回收、装饰产品的环保节能等，从而减少家居装修中的碳排放量。由于人们对室内空气质量有了更高的要求，越来越多的人提倡环保装修，在进行环保装修的同时，既考虑装修的美观，又注重对人的身心健康。

二、低碳建设的特征

低碳建设遵循了低碳、绿色、环保、可持续的理念。低碳建设规划设计时因势利导，因地制宜，在选材的过程中选用了低能耗、低污染的环保性材料和建设方法。并尽可能地减少建筑垃圾的产生，从而节约能耗，减少对环境的污染。最重要的是，在后期也不会产生污染。其实，很多建筑不一定都要全部推倒重建，充分利用本体进行改造，不仅能使让原建筑焕发一新，还能节省大量的资源，减少环境污染。例如，广州的上下九步行街和北京路，是广州一直都非常繁华热闹的地方，各种琳琅满目的商品和美食吸引了国内外的游客。它就是在原来旧建筑下改造和重整而来的，使这里在繁华的同时带有历史的气息，更加显现老广州的魅力。

三、低碳装修

近年来，环保装修的热度大涨，环保装修的确能最大限度减少室内空气污染，但在选择的时候仍需要多注意。

1. 环保装修的材料

环保材料主要分为三大类：第一类是基本无毒无害型。是指天然的，本身没有或极少有毒有害的物质、未经污染只进行了简单加工的装饰材料。如石膏、滑石粉、砂石、木材、某些天然石材等。第二类是低毒、低排放型。是指经过加工、合成等技术手段来控制有毒、有害物质的积聚和缓慢释放、因其毒性轻微、对人类健康不构成危险的装饰材料。如甲醛释放量较低、达到国家标准的大芯板、胶合板、纤维板等。第三类是未知型。科学技术和检测手段无法确定和评估其毒害物质影响的材料。如环保型乳胶漆、环保型油漆等化学合成材料。这些材料是无毒无害的，但随着科学技术的发展，将来可能会有重新认定的可能。

如何更好地选择环保装修材料呢？下面分别从地面、顶面、软装饰还有木制品涂装材料展开介绍。

①墙面装饰材料的选择。家居墙面装饰尽量不要大面积使用木制板材装饰，可将原墙面抹平后刷水性涂料；也可选用新一代无污染 PVC 环保型墙纸，甚至采用天然织物，如棉、麻、丝绸等作为基材的天然墙纸。

②地面材料的选择。首先，针对环保装修材料——地板，要避免使用同一种材料。因为这些人造材料都含有对人体有害的物质，如果同一种物质超标严重，带来的危害就不言而喻了。例如，实木材料虽然是环保材料，但是油漆却含有大量甲醛、苯等，极易造成室内污染超标。木地板、木质家具也要减少使用，因为木质装饰装修材料会加入大量的油漆、涂料、黏合剂等，里面的甲醛、苯、二甲苯等污染物质会在室内长时间的释放。一般温度越高，释放的越多。其次，使用的环保装修材料——壁纸，尽量避免使用颜色单一

的、艳丽的材料。单一材料，不能与室内环境有效搭配，易导致心情差；颜色艳丽的材料，含有的化学物质较多，给人体带来的危害更大。最后，我们需要注意环保装修材料并不代表室内环境一定达标。毕竟，即使所有材料都是环保装修材料，但混合使用之后，量变带来质变，室内污染仍然不可避免。如果想有更加健康的环境，不妨请专门机构检测治理之后，再制订方案。

地面材料的选择面较广，如地砖、天然石材、木地板、地毯等。地砖一般没有污染，但居室大面积采用天然石材，应选用经检验不含放射性元素的石材。选用复合地板或化纤地毯前，应仔细查看相应的产品说明。若采用实木地板，应选购有机物散发率较低的地板黏接剂。

③顶面材料的选择。如果居室的层高不高，可不做吊顶，将原天花板抹平后刷水性涂料或贴环保型墙纸。若局部或整体吊顶，建议用轻钢龙骨纸面石膏板、硅钙板、埃特板等材料替代木龙骨夹板。

④软装饰材料的选择。窗帘、床罩、枕套、沙发布等软装饰材料，最好选择含棉麻成分较高的布料，并注意染料应无异味，稳定性强且不易褪色。

⑤木制品涂装材料的选择。木制品最常用的涂料是各类油漆，是众人皆知的居室污染源。如今，国内已经研制出一些不采用含苯稀释剂、刺激性气味较小、挥发较快的环保型油漆。

总的来说，在家庭装修中常用到的装修材料可以按照可能会造成的污染程度分为三类：①优先推荐材料：水泥、玻璃、天然木材、天然石材、瓷砖等陶瓷制品、不含纤维的石膏板材、金属材料、无机涂料；②使用需要注意材料：成品门窗、有机饰面材料、成片地板、家具、地毯等，在选择这一类的材料时要多注意质量是否有保证；③控制总量材料：油漆、各种合成木制品及人造板、各种胶黏剂等，这一类的材料在装修中使用越少越好。尽量选用有安全认证标志的产品，如甲醛释放欧洲 E1 标准和蓝天使认证标志，可确保复合地板的甲醛释放量达标；有国家环境标志的产品低毒少害、质量合格而且符合环境保护要求(图 4-1)。

(a)中国环境标志

(b)蓝天使认证

(c)森林认证

图 4-1　环保认证标志

2. 环保装修的小措施

(1)简约的装修风格可以有效减少家里装修中的材料浪费。选用环保装修材料，如轻钢龙骨、石膏板、环保油漆等材料。

(2)增加自然通风和采光，充分利用自然光、风能、太阳能等，尽量减少人工光源和空调的使用。不仅能降低能耗，节能减排，而且能减少室内空气污染。

(3)在搬进新房子时，应尽量继续使用以前用过的家具，这样有利家居环境的安全和居住者的身心健康。

(4)“低碳家具”，选用由环保材料制作的家具。藤材、竹材是最好的天然环保材料，特别是藤材，被联合国环保组织推荐为绿色环保居室材料。很多人总觉得红木与真皮是高级装修、居住品味的体现。但是，由于过度砍伐，制造红木所使用的的黄花梨木等树种已经在我国绝迹，东南亚的热带雨林也濒临绝境。而且竹制家具的原材料获取、价格以及碳排放情况都要比红木家具好，是实现循环经济的必走之路。

(5)利用废旧材料装饰。废旧木料、家具、用剩下的 PVC 管、脚手架等，均是可以变废为宝的装修材料，做成简易家具。

第四节　低碳家电

2019 年 4 月，第 125 届中国进出口商品交易会(春季广交会)在广州召开，其中参展的家电大多以低碳、节能为主题，低碳、绿色、节能、智能成为了一种“中国风”。根据国际能源机构 IEA 研究数据，家电是继汽车之后发展最迅速的能源消耗行业，家电消耗的电力在一个国家平均电力消耗的占比超过 35%。表 4-1 列举了部分家电的排碳量。

表 4-1　家电的碳排放量

家电	使用时间/小时	碳排放量/千克
电冰箱	1	0.0813
电磁炉	1	0.828
电饭锅、电烤箱、电熨斗	1	0.552
抽油烟机	1	0.2622
电扇	1	0.045 54
电暖器	1	0.414

（续）

家电	使用时间/小时	碳排放量/千克
电视	1	0.0966
电热水器	1	4.14
榨汁机	1	0.1449
微波炉	1/6	0.09
吹风机	1/12	0.036
收音机	1	0.0069
音响	1	0.0345
洗衣机	1	0.2898
干衣机	1	0.828
60瓦灯泡	1	0.0414
20瓦日光灯	1	0.017 25
节能灯	1	0.011 73
空调	1	0.621

如果每个家用电器的能源效率提高30%，全球每年至少可以减少排放超过3亿吨二氧化碳，节省电力超过600千瓦时，相当于从公路上减少1亿多辆汽车。而根据国家发展和改革委员会资源节约和环境保护司估测，2018年我国销售的高效节能空调、电冰箱、洗衣机、平板电视、热水器可实现年节电约100亿千瓦时，相当于减排二氧化碳650万吨、二氧化硫1.4万吨、氮氧化物1.4万吨和颗粒物1.1万吨。显然，节能环保，绿色低碳已成为家电行业的发展趋势，迎合了低碳居住的推行，有助于更好节能降耗，减缓气候变化，保护地球环境(图4-2)。

图4-2 低碳家电 绿色地球

另外，电器产品给人们生活带来很多的便利，但也存在许多辐射隐患，如微波炉等。装修中，除了正确选择电器外，还应该特别注意正确摆放电器。在装修施工中，尽量考虑周到，将电器隐藏起来，或留出安全距离。微波炉应该放置在较高的柜子里，不正对着人体。这样，在享受生活便利的同时，又保障了全家人的身体健康。再者，选择了低碳的家电，还要低碳地使用。例如：空调定时开关；少开不必要的灯具；米饭煮熟后及时关掉电饭锅；电脑关机后记得关掉屏幕等。

第五节　低碳居住实例

一、节水篇

水资源的重要性相信大家都非常的清楚。一切生命活动起源于水，而且在生命演化中，水也起到了重要的作用。此外，水是工业、农业、服务业的命脉。现在地球上 97.47%的水是咸水，包括海水、咸水湖和高矿化的地下水等，但这些咸水难以被利用。而地球上的淡水大约仅占总水量的 2.53%，并且大部分都以冰雪的形式存在于南北两极、高山冰川中，以我们现在的技术难以开发利用。中国人均水资源量 2173 立方米，仅为世界人均的 1/4。中国许多地方面临着“无水皆干、有水皆污”以及“湿地退化、河道断流、地下水超采、入海水量减少”等严峻水问题的挑战。淡水资源并不是取之不尽、用之不竭的，而是最为宝贵和不可替代的自然资源。节水要从爱惜水做起，牢固地树立“节约水光荣，浪费水可耻”的信念，才能时时处处注意节水。

节水的首要步骤是加强节水意识，据分析，家庭只要改掉不良的用水习惯，就能节水 70%左右。如今，家庭节水已不是一个家庭少交水费的问题，而是关系到社会能否缓解水资源危机的问题，使社会能否持续发展问题。其实，在日常生活中，提高水的利用率，多注意小细节和小妙招能大大地节约用水。

1. 厨房中节约用水

(1)清洗炊具、餐具时，如果油污过重，可以先用纸擦去油污，然后进行冲洗。

(2)用洗米水、煮面汤、过夜茶清洗碗筷，可以去油，节省用水量和洗洁精的污染。

(3)污垢或油垢多的地方，可先用已使用过的茶叶包蘸点熟油涂抹脏处，

然后再用带洗涤剂的抹布擦拭，可轻松去污。

(4)清洗蔬菜时，不要在水龙头下直接进行清洗，尽量放到盛水容器中，并调整清洗顺序，如可以先对有皮的蔬菜进行去皮、去泥，然后再进行清洗；先清洗叶类、果类蔬菜，然后清洗根茎类蔬菜。

(5)不用水来帮助解冻食品，而是提前取出冷冻食品让其自然化冻。

(6)用煮蛋器替代用一大锅水来煮蛋。

2. 浴室中节约用水

(1)用喷头淋浴，调节好冷热水比例。需要时就将喷头打开，不用时就关了，不让水一直流着。

(2)减少盆浴次数；若要盆浴时，控制放水量，约三分之一浴盆的水即可。

(3)洗澡时不要花费太久的时间，长时间待在密闭的卫生间，既对身体无益，还浪费水。一般10~15分钟较好。

(4)最好不要在洗澡的时候，洗衣服鞋子，这样更耗水。

(5)收集预热所放出的清水，用于清洗衣物。

(6)收集使用过的水，用于冲洗马桶或擦地。

3. 洗衣中节约用水

(1)洗少量衣服时，注意洗衣机的水位不要定太高。否则，少量的衣物在里面，互相之间很空荡。这样洗衣服不仅会洗不干净，还会浪费水。

(2)尽量用手洗代替机洗，或集中清洗衣服，减少洗衣次数。

(3)减少洗衣机使用量，尽量不使用全自动模式，并且手洗小件衣物。

(4)漂洗小件衣物时，将水龙头拧小，用流动水冲洗，并在下面放空盆收集用过的水，而不是接几盆水，多次漂洗。这样既容易漂净，又可减少用水总量，还能将收集的水循环利用。

(5)漂洗后的水，可以作为下次洗衣的洗涤用水，或用来清洁其他地方。

(6)洗衣时添加洗衣粉应适当，并且选择无磷洗衣粉，减少对环境的污染。

4. 厕所中节约用水

(1)如果家中厕所的水箱过大，可以在水箱里放上一块砖头或一个盛满水的大塑料瓶，这样可以有效地减少每一次的冲水量。但要注意，砖头或塑料瓶放的位置要以不妨碍水箱部件的运动为准。也可以换小一点的水箱。

(2)与传统单键马桶相比，用双键马桶至少节水一半，还能减少污水排放。生产自来水和处理污水都需要耗费大量能源，所以节水也相当于节能。

(3)马桶不是垃圾桶，不要向马桶内倾倒剩菜和其他杂物，避免因为冲洗这些杂物而造成水资源的浪费。

(4)定期检查水箱设备，及时更换或维修，并且不要将洗洁精等清洁物品放入水箱中。那样可能会造成水箱中胶皮、胶垫的老化，导致渗漏，从而造成水的浪费。

(5)洗手、洗脸、刷牙时不要将龙头始终打开，应该间断性放水。例如：洗手、洗脸时应在打肥皂时关闭龙头；刷牙时，应在杯子接满水后，关闭龙头。

(6)使用能够分档调节出水量大小的节水龙头。

(7)家里准备好备用的水龙头橡皮圈，一旦损坏可立即换上新的，防止水的浪费。

5. 其他

(1)选取低耗、高效、简便、易推广的节水设施或产品。

(2)外出、开会时，自带水杯或容量小的瓶装水，减少对剩余瓶装水的浪费。

(3)外出就餐，尽量少更换碟子，减少餐厅碟子的洗刷量，从而减少用水。

(4)呼吁市政、小区建设使用透水地砖。种植灌木树木，来替代大面积的草坪。

(5)不向河道、湖泊里扔垃圾，不乱扔废旧电池，防止对自然环境造成污染。

(6)提高污水的回用率，达标后可用于冲厕、城市景观用水、绿地浇灌、工厂冷却水、洗车等。

(7)企事业单位的自来水龙头改用脚踏式龙头，洗浴设备改成感应式淋浴设备。

以上只是简单介绍了日常生活中的节水小妙招。生活中树立节水意识，关注身边的每一滴水，你也能成为节水达人。

二、节电篇

电能既是最重要的能源，又是消耗其他能源生产的能源产品。有资料显示，中国电力消耗量仅次于美国，已居世界第二位，但是我们的人均产值却很低。节约用电是国家发展经济的一项长期战略方针，是一项利国利民的事业，有利于提高资源利用率；减少环境污染，符合环保和社会可持续发展的原则，有利于减轻电网的负载压力，缓解能源短缺状况，有利于提高经济增长的质量和取得较好的经济效益和社会效益。从可持续发展的角度来看，我

们必须节约能源，尽可能通过节约电力，以减少对自然的不可再生资源的索取。

下面主要从家电出发，给大家介绍一些节能的小妙招。

1. 冰箱

(1)冰箱都应置于凉爽通风处，背面与墙之间都要留出空隙，这种方式相比于紧贴墙面，每天可以节能20%左右。

(2)剩菜冷却后，用保鲜膜包好再送进冰箱。剩菜未冷却就放到冰箱里，热气不仅增加冰箱做功，还会结霜，双重费电。鸡、鱼等挖去内脏，先冷藏后再冷冻，从而减少用电量。

(3)冰箱内存放食物的量以占容积的80%为宜，放得过多或过少都费电。

(4)控制开冰箱的次数，不要在短时间内频繁开关冰箱，也不要长时间打开冰箱。给大家一个小建议：在一张纸上写上冰箱里所有的物品，每用掉一样就划掉，这样就知道冰箱里有没有你想要的东西，避免了不必要的损失。

(5)冰箱内的温度调节挡应适中，不宜设置强冷，以免冰箱内制冷循环系统加大工作量，导致耗电量增加。一般食物保鲜效果在8～10℃最佳。

(6)一般冰箱内蒸发器表面霜层达5毫米以上时就应除霜，如挂霜太厚会产生很大的热阻，耗电量会增多。要常保持冰箱清洁，因为冷凝器和压缩机的表面灰尘会影响散热效果。

(7)夏天，冰箱冷冻室的东西一般较少，这时可以用几个塑料盒等容器盛满水后放入冷冻室；待水结成冰块后，将冰块转移到冷藏室，放在温控器的下面或旁边，这样当冷气朝上散发时，就会降低温控器周围的温度，从而减少温控器的启动次数，达到节电的目的。同时，冰块融化时会吸收大量的热量，这样对冷藏室内存放的食物也会起到降温保鲜的作用。

2. 空调

(1)空调功率要与住房面积相配，一般按每平方米200千卡计算，尽量将空调安装在背阳的窗户上部。

(2)夏天空调不低于26℃，冬天不高于22℃，既省电又舒适。夏天用空调，如果是壁挂式，空调应该挂高点，这样才利于空气对流，让室内的气温尽快降下来。另外，制冷时出风口要向上，制热时出风口应该向下。

(3)空调器不能频繁启动压缩机，停机后必须隔2～3分钟以后才能开机。否则易引起压缩机因超载而烧毁，且耗电更多。

(4)在使用空调的时候提前将房间的空气换好，如果需要开窗，窗户的缝隙不要超过两厘米。在使用空调的过程中，需要尽量减少开门开窗。如果是变频空调，当室内温度总与外界一样时，那么变频空调还会调高频率，超负荷工作，增大耗电量。如果想停机换空气，最好开窗、开门前 20 分钟关空调。

(5)配合电扇、遮阳帘使用。电扇的吹动力将使室内冷空气加速循环，冷气分布均匀，达到较佳的冷气效果。采用窗帘等遮阳，减少阳光辐射对室温的影响，也可以节省空调制冷用电。还有，尽量利用自然通风排除室内湿热，以减少空调的使用频率。

(6)勿给空调外挂机穿“雨衣”，那样会影响机器散热，增加空调电耗。

(7)定期清洗隔尘网，可节省 30%的电力。

3. 电视机

(1)声音越大、亮度越强就越耗电。电视机色彩、音量和光线亮度调至人感觉的最佳状态，可以节电 50%，也能延长电视机的使用寿命。

(2)电视机不看时应拔掉电源插头，不要让电视总处于待机状态。

4. 灯具

(1)使用节能灯具是节电的好方式。多使用节能灯，如 LED 灯，能比白炽灯节省 70%~80%的电能。原来使用 60 瓦白炽灯，只需要 10 瓦左右的节能灯就有足够同等亮度。

(2)照明要充分利用反射与反光，如给灯具配上合适的反射罩可提高室内照明亮度。

(3)尽量减少灯的开关次数。每开关一次，灯的使用寿命大约降低 3 小时。

(4)保持灯泡、灯罩清洁。灯泡在使用一段时间以后，光通量会大幅度下降，灯泡会越来越暗，这时要注意及时更换新灯泡。

5. 电脑

(1)短时间不用电脑，关掉不需要的电脑程序，并启用电脑的“待机”模式。电脑关机后，将电源插头拔下。

(2)显示器尺寸选择要适当，因为显示器越大，耗能就会越多。

(3)听音乐的时候可将显示器关闭。

6. 电熨斗

(1)家用电熨斗通常有调温型和普通型。调温型电熨斗比较利于节约用电。普通型电熨斗最好选择手柄上有开关的，可随时控制温度，降低电耗。

(2)应根据不同衣料所需要的温度随时掌握电熨斗的通电时间。

(3)充分利用电熨斗的余热，也是节约用电的一个途径。如在熨烫毛料服装正面时，需要较高的温度；而熨烫其反面时，则需要较低温度。

7. 微波炉

微波炉节电，主要取决于加热食品的多少和干湿。加热食品时，可以在

被加热食品上加盖，防止加热食品使水分蒸发掉。加盖不仅使食品味道好，而且微波加热省时间，节约电能。

8. 洗衣机

(1)洗衣机的耗电量取决于使用时间的长短。应根据衣物的种类和脏污程度确定洗衣时间。一般合成纤维和毛丝织物洗涤3~4分钟；棉麻织物洗6~8分钟；极脏的衣物洗10~12分钟。洗衣后脱水2分钟即可。衣物在转速1680转/分钟情况下脱水1分钟，脱水率可达55%。延长脱水时间，脱水率并不会提高很多。

(2)同样长的洗涤周期，“弱洗”比“强洗”的叶轮换向次数多，电机反复启动次数就会增加。电机启动电流是额定电流的5~7倍，因此“弱洗”反而费电；“强洗”还可延长电机寿命。

(3)先浸后洗。洗涤前，先将衣物在洗衣粉溶液中浸泡10~14分钟，使洗涤剂将衣服上的污垢、污渍初步溶解，然后再洗涤。这样，可减少洗衣机的运转时间至不浸直接洗的一半左右，电耗也就相应减少了一半。

(4)额定容量。不要一次洗太少的衣服，待衣物达到洗衣机处理量时一同清洗(通常5千克左右)。衣物数量不够洗衣机处理量时，选择洗衣机的半负荷程序来减少用电；反之，一次洗得太多，不仅增加洗涤时间，而且会造成电机超负荷运转，既增加了电耗，又容易损坏电机。

(5)用水量适中。水量太多，会增加波盘的水压，加重电机的负担，增加电耗；水量太少，又会影响洗涤时衣服的上下翻动，增加洗涤时间，使电耗增加。

9. 热水器

(1)使用节能热水器，如太阳能热水器。

(2)热水器的最理想容量是20~50升。

(3)当不使用时，关闭热水器开关。

(4)安装低流量的淋浴头，以淋浴代替盆浴泡澡。

(5)使用电热水器应尽量避开用电高峰时间。

10. 电饭锅

(1)用电饭锅煮饭前，提前将米浸泡30分钟左右，并用温水或热水煮饭，这样可以节电30%。使用机械电饭煲时，电饭煲上盖一条毛巾，注意不要遮住出气孔，这样可以减少热量损失。

(2)煮饭时，当显示灯指示保温时，说明米饭已经煮熟；可以关闭煮饭开关，利用锅底的余热把米饭中的水汽蒸干。

(3)电热盘是电饭锅的主要发热部件，每次用完后要用干净软布擦净，焦膜可用木片、塑料片刮除，保持电热盘清洁可以提高电热盘功效。

生活中很多小事、小举措能大大节约电能。例如：电器处于待机状态仍在耗电。只有将电源拔下，它才彻底不耗电。别小看这个小动作，如果人人坚持，全国每年可省电 180 亿千瓦时，相当于三座大亚湾核电站年发电量的总和。因此，细心观察，用心去做，每人每次节约一点电，全国一年就是巨大的数字，就能大大减少碳排放。

三、节气篇

日常居住中的节气是在厨房中进行的。在第三章的低碳饮食中已经介绍了如何厨房中节省燃气，主要包括几方面：①做好准备工作，避免烧“空灶”；②选择高效节能的炊具；③调整合适的火力；④定期清理炉芯等。另外，还有一些烹饪的注意事项，例如，铁锅比其他普通锅传热快；加盖烹饪食物，能更有效利用能源，高压锅和微波炉能缩短烹饪的时间并节省能源等。

四、废物再利用

1. 废物再利用的定义及必要性

废物利用是指收集丧失原使用功能的“废弃”材料，进行分解、再制成新产品，或者是收集已使用过的产品，清洁、处理后再次出售。回收再利用可以减少垃圾的产生以及原料的消耗。其实，废物的处理和利用有着悠久的历史。我国早在春秋战国时期就兴建了厕所积肥；在印度等亚洲国家，自古以来就有利用粪便和垃圾堆肥的习俗；古希腊米诺斯文明时期就有将垃圾埋坑、覆土的处理办法；18 世纪，苏格兰大城市爱丁堡有将废物收集分类出售再用的记载。

随着经济的发展，生产生活所需不断扩大，“三废”排放量日益加大，公害事件也越来越多，废弃物已成为严重的环境问题。20 世纪 60 年代中期以后，环境保护开始受到社会公众和世界各国特别是发达国家的重视。污染防治和废物利用技术迅速发展，大体形成一系列处理方法，成为环境科学和环境工程学的重要内容和基础。70 年代以来，美国、英国、德国、日本、法国和意大利等国家，由于废物放置场地紧张，处理费用高昂，石油危机的冲击使资源问题更加突出。“资源循环”的概念由日本首先提出并受到国际社会的注意，废物资源化利用日益引起人们的重视。

利用身边的各种生活废品来满足我们的日常需要是当前欧美发达国家最为时尚的一种生活方式，这种被日渐接受的“低碳”生活方式也在影响到我国城市居民。利用生活、工作、生产中产生的各种废弃产物制作成漂亮、实用、

低碳的 DIY 手工制品，是当前最为流行的话题之一。

2. 废物再利用的例子

(1)废弃纸张(各种杂志、报纸、打印纸、草稿纸等)

造纸术是中国古代的四大发明之一，人类文明的进步与纸的使用密不可分。如今，纸的种类多样，其使用数量更是不可估量。与此同时，这背后隐藏着巨大的资源消耗与环境问题。其实每一张我们所认为的“废纸”都仍然具有其独特的价值。例如：杂志的纸质非常好，可以与其他纸筒一起制作环保裤架或小凳子；报纸是清洁的“好帮手”，可以用于擦拭玻璃或打湿后裹住筷子清理推拉式窗户下面凹槽的污渍，报纸还能放在鞋子、柜子里或地板上起吸湿、防潮、去异味的作用；而草稿纸最直接的再次利用方式就是折成桌面小垃圾盒。

(2)废弃纸盒(各种包装盒、快递盒等)

充分利用这些废弃纸盒，再多加一点小创意就可以制作出精美的收纳盒、礼物盒、书架、鞋架、垃圾箱等。近年来，快递行业发展迅速。快递包装材料的使用量，资源的消耗也将十分庞大，而且这个数量正不断增长。美国、德国、加拿大、日本等国家早已采取了各种措施回收快递纸盒。虽然我国“共享快递盒”以及快递盒回收点已经逐渐建设起来，但重视度以及执行度都不高。这仍需要全社会共同努力，提高废物再利用的意识。

(3)各类瓶罐

瓶罐是我们生活中及其常见的包装材料，尤其是塑料瓶。据英国《卫报》报道指出，2017 年全球塑料瓶用量大增，每分钟卖出约 100 万个塑料瓶，且数量在 2021 年前跃增 20%，每年销售的塑料瓶逾 5000 亿个。其实，对于各类瓶罐回收再利用的小妙招数不胜数，只是我们缺乏意识和耐心。

针对瓶身的小妙招：①有的瓶子(如废弃不用的奶瓶等)上有刻度，只要稍微加工，就可成为量杯；②空的香水瓶、化妆水瓶将其盖子打开，放在衣箱或衣柜里，会使衣物变得香气袭人；③将领带卷在圆筒状的啤酒瓶上，待第二天早上用时，原来的褶皱就消除了；④用灌有热水的玻璃瓶擀面条，即可代替擀面棍，还可使面变软；⑤将玻璃瓶从瓶颈处裹上一圈用酒精或煤油浸过的棉纱，点燃，待火将灭时，把瓶子放在冷水中，这样就会整整齐齐地将玻璃瓶切开了，其下半部分可继续做很多东西，如筷子筒、笔筒、花瓶等。

针对瓶盖的小妙招：①将 5~6 个啤酒瓶或饮料瓶盖，交错地固定在一块木板上，留出把手，用它来刮鱼鳞，既快又安全。②将几只小瓶盖钉在小木板上，即成一个小铁刷，用它可刮去贴在墙壁上的纸张和鞋底上的泥土等，用途很广。③将瓶盖垫在肥皂盒中，可使肥皂不与盒底的水接触，这样还能节省肥皂。④在椅子的腿上安上一个瓶盖(如青霉素瓶上的橡胶盖)作为缓冲物，这样推动椅子时不会发出刺耳的声音，还可以保护椅子的腿。还有将废弃无用的橡皮盖子用胶水固定在房门的后面，可防止门与墙壁的碰撞，起到保护房门面的作用。⑤将热水瓶盖子放在蚊子叮咬处摩擦2~3秒，然后拿掉；连续2~3次，强烈的瘙痒会立即消失，局部也不会出现红斑(瓶盖最好是取自90℃左右水温的热水瓶)。⑥取一只瓶盖放在花盆的出水孔处，既能使水流过，又能防止泥土流失。

针对塑料瓶的小妙招：对塑料瓶(水瓶、饮料瓶)进行简单的修剪加工，它变废为宝的例子更是不胜枚举。例如，制作成摘果神器、蛋清分离器、透明塑料礼物盒、塑料袋收纳罐、雨伞收纳罐、浇花神器……

我们平常吃过的八宝粥的瓶罐，其实它全身都能变废为宝。首先它的瓶身可以制作成精美的笔筒。如果配合上它的塑料盖，只要在盖子上面割一个口就能变为储钱罐。另外，开盖时的易拉环可用来套嵌衣架，多挂衣服，这能大大节省衣柜的空间。

(4)旧衣物

在低碳着装一章，我们就有提到衣物的“一生”所消耗的能源和对环境的影响。对于旧衣物如何变废为宝呢？下面介绍其中一些小妙招：①将穿破的长筒袜筒部剪下，里面塞满棉花或剪碎的海绵，然后将一个个袜筒接缝起来。盘卷成圆盘状，用针线缝好，上面再加一些小装饰，就成了美观实用的靠垫了。②将丝袜包在扫帚上扫地，利用静电，可以吸附灰尘。③将旧浴帽套在提包的底部，特别是浅色帆布或布质包的底部，放在自行车前筐或其他地方，可让包不被弄脏。雨天将旧浴帽套在自行车坐垫上，可保证坐垫不被淋湿。④每次刀片用完后，在旧皮带背面来回蹭几下，又可再次使用了。⑤旧衣服经过简单加工还可以做成收纳袋。⑥边角碎布的用途也很多。例如，做孩子衣服时，可以选择一些色泽鲜艳的碎布，剪成有趣的小动物图案，作为贴布花。贴在儿童的膝盖等处，既能增加美观度，还可以增加这些部位的牢固性，延长裤子寿命。

(5)废食材

同样地，在第三章中提到了提高食物的利用率也是低碳饮食的重要举措。这里主要以鸡蛋壳为例给大家分享如何将食材变废为宝。

①用鸡蛋壳清洗衣服。将鸡蛋壳捏碎，用纱布包好，放入热水中，加盖浸泡5分钟。再把脏衣服放入装有鸡蛋壳的水中，浸泡，漂洗即可。

②鸡蛋壳清洗茶垢。向茶杯中加入温水，放入鸡蛋壳浸泡几分钟，再用手压着鸡蛋壳，擦洗茶杯内壁。

③制成小工艺品。完整的空蛋壳，涂上油彩，可成为工艺美术品。

④生火炉。将蛋壳捣碎，用纸包好，生炉子可用它来引火，效果甚好。

⑤养花。将清洗蛋壳的水浇入花盆中，有助于花木的生长。将蛋壳碾碎后，放在花盆里，既能保养水分，又能为花草提供养分。

⑥使鸡多生蛋。将蛋壳捣碎成粉末，喂鸡，可增加母鸡的产蛋能力，而且不会下软壳蛋。

⑦预防家禽、家畜缺钙症。蛋壳焙干碾成末，掺在饲料里，可防治家禽、家畜的缺钙症。

(6)其他

①伞面布纹路密实，适合做衣架罩。在旧伞面布的中心裁去一块直径约2厘米的伞面布，再用斜布条在裁口上滚一条边。这样，衣架罩就做成了。另外，无修理价值的旧尼龙伞，其伞衣大都很牢固。因而可将伞衣拆下，改制成图案花色各异的大小号尼龙手提袋。其制作方法是：先将旧伞衣顺缝合处拆成小块(共8片)洗净、晒干、烫平。然后用其中6片颠倒拼接成长方形，2片做提带或背带。拼接时，可根据个人爱好和伞衣图案，制成各种各样的提式尼龙袋。最后，装上提带或背带，装饰各式扣件即成。

②将废旧海绵放在花盆底部，上面盖一层土。在浇花的时候，海绵可以起到蓄水作用，较长时间地供给花木充足的水分。

③浴球通常是泡沫塑料网罩，质地柔软，可用于擦拭家具、锅灶等并且不会擦伤物品。

④废牙刷。去掉刷毛，将牙刷头部置于1杯开水中，待其软化后，迅速用手将牙刷柄弯成钩(冷却变硬后再松手)；然后钉在适当的位置，就可成挂衣钩了。废牙刷还可以清理水槽和阳台的边角，清洗鞋子等。

⑤蚊香灰。蚊香灰内含有钾的成分，可作为盆花的肥料。只要在蚊香灰上略微洒些水，便可将其施入盆中，很容易被花木吸收利用。

⑥旧唱片。已废旧的塑料唱片，可在炉上烤软，用手轻轻地捏成荷叶状，这样就成了一个别致的水果盘。也可以随心所欲地捏成各种样式，或用来盛装物品，或作摆设装饰，都别具特色。

总之，生活中废物再利用的例子非常多，成为低碳“小达人”并不难。加强节约资源的意识，细心观察，多思考多动手，生活中处处都是宝。

第五章　低碳出行

第一节　交通工具的碳排放

一、交通碳排放现状

联合国政府间气候变化专门委员会(IPCC)第五次评估报告显示，全球约71%～80%的温室气体排放都来自仅占陆地面积20%的城市区域。其中，工业、交通和建筑是城市温室气体排放的重要来源。2014年国际能源署的相关数据表明，交通行业所排放的二氧化碳约占全球燃料燃烧产生二氧化碳的23.3%，中国这一比重占了8.6%。而且，我国2014年的能源消耗量就达到3.6336亿吨标准煤，比1995年增长了5.2倍，交通行业的能源消耗增长显著。我国交通行业处于快速发展与转型期，随着社会的发展与人们生活质量的不断提高，对交通出行的需求更大。同时，交通行业造成的拥堵、对能源消耗以及环境气候变化的影响也日趋严重，这不利于社会的绿色、低碳、可持续发展。

目前，交通行业碳排放问题成为社会关注的焦点，并得到广大学者的研究，开始了包括交通碳效率影响因素、居民社会经济特征对交通碳排放的影响、货物运输的碳排放变化、交通能源消费或交通碳排放的预测，以及包括交通措施的改进、新能源汽车和低排放汽车的使用、政府政策推进等方式在内的对交通减碳的效果研究等多角度的研究。

二、交通工具碳排量的统计结果

人类从步行到依靠简单的代步工具，再到现代化的交通工具，“行”发生了重要的变化。现代交通方式主要分为铁路、公路、民航和水运四种，每种交通方式的能源消耗不同。铁路运输主要分为蒸汽机车、内燃机车和电力机

车三种类型，分别以煤炭、柴油、电力作为驱动能源；公路运输的能源消耗主要为汽油、柴油，还有现在新型的混合动力公交使用了电力；民航运输主要使用航空煤油；水路运输主要消耗燃料油和柴油。各种能源的二氧化碳排放系数不同，见表5-1。

表5-1　各类能源含碳量及CO_2排放系数

能源种类	汽油	柴油	燃料油	煤油
平均低位发热量/(千焦/千克)	43 070	42 652	41 816	43 070
单位热量含碳量/(千克/吉焦)	18.9	20.2	21.1	19.6
碳氧化率/%	100			
二氧化碳排放系数(千克/千克)	2.898	3.16	3.24	3.10

目前，城市居民主要的出行方式包括公共汽车、出租车、私家车、轨道交通(火车、地铁)等。2005年《中国交通能源与环境政策研究》对各种交通工具的能源消耗进行对比，结果见表5-2。毛星童等采用了IPCC指南中自下而上(基于不同交通类型的车型、保有量、行驶里程、单位行驶里程燃料消耗等数据计算)的碳排放量计算方法，分析中国城市交通的二氧化碳排放情况。结果显示：2011—2015年公共汽车、私家车、出租车和轨道交通四种出行方式的碳排放量持续增长，尤其是私家车，在2015年的二氧化碳排放总量高达85.7%。另外，出租车的人均碳排放量是公共交通方式中最高的，约为轨道交通的8~9倍，这与出租车的空驶率以及公交车和轨道交通的客流密度有关。同样，庄颖等结合IPCC指南的方法与LMDI分解法，研究了广东省交通碳排放情况。从2001年到2010年，广东省交通碳排放量总体呈上升趋势。另外，广东省私家车数量增长迅速，从2001年到2010年十年间增长了4.9倍；这也导致私家车的碳排量不断上升，并逐渐成为主导。或者说，私家车的发展对节能减排起重要作用。

表5-2　各种交通工具能源消耗比较

交通工具	小汽车	摩托车	公共汽车	无轨电车	地铁	轻轨	有轨电车	自行车
每人每公里耗能/千克	8.1	5.6	1.0	0.8	0.5	0.45	0.4	0.0

简单地说，不同出行方式的能源消耗量和碳排放量不同。在交通能源消耗方面，公共汽车的人均能耗是小汽车的8.4%，电车大约是小汽车的3.4%，而地铁则大约是小汽车的5%。在二氧化碳排放方面，汽车每消耗1升汽油的碳排放量是2.34千克，飞机碳排放量为0.18千克，而公交车或长途大巴或火车碳排放量则为0.062千克。部分交通工具的耗能情况见表5-2。你的出行

方式是影响你的碳排放量的重要原因之一。

第二节　低碳出行

一、低碳出行的定义

低碳出行，顾名思义是一种降低“碳”的出行方式。即在出行中，主动采用能降低碳排放量的交通方式。其中包含了政府与旅行机构推出的相关环保低碳政策与低碳出行线路、个人出行中携带环保行李、住环保旅馆、选择二氧化碳排放较低的交通工具甚至是自行车与徒步等方面。这种出行方式环境影响最小，既节约能源、提高能效、减少污染，又益于人体健康、兼顾效率，如多乘坐公共汽车、地铁等公共交通工具，拼车，环保驾车，或者步行、骑自行车等。只要是能降低自己出行中的能耗和污染，都称为低碳出行，也叫绿色出行、文明出行等。低碳出行，是一种低碳生活方式，也是实现节能减排的途径之一。

其实，低碳出行、绿色出行不局限于出行方式的选择。它是一种益于健康与环境的生活态度和生活方式，只要最大限度地减少自己在出行时的碳排放和环境的不良影响，都是低碳出行。

二、出行方式的对比

1. 步行

“零排放”是指无限地减少污染物和能源排放直至为零的活动，即利用清洁生产，3R(reduce，reuse，recycle) 及生态产业等技术，实现对自然资源的完全循环利用。

世界卫生组织提出，步行是最好的运动，步行也是保持健康的最好方式。研究表明，长期徒步行走上班的人，心血管疾病、神经衰弱、血栓性疾病和慢性运动系统疾病的发病率比选择乘车的人低，而且思维更清晰，工作效率更高。很多人经常看电脑和手机，坐姿不规范，都易患有颈椎病，而步行有助于调整俯首案头的姿势，可以有效地预防颈椎病，使人变得更健康。美国《自然》杂志也有报道称，60 岁以上的人，一周三天，每次步行 45 分钟以上，可以预防老年痴呆。一周步行 7 小时以上，可以降低 20%的乳腺癌罹患率，对 II 型糖尿病有 50%的疗效。如今，“走班族”是低碳出行的流行方式。“走班族”主要是指为锻炼身体而放弃乘车，宁愿步行上下班的人。他们利用上下

班步行来锻炼身体，达到健康、低碳的双重效益。更重要的是，他们免于上下班高峰期出行带来的烦躁。

当然，步行出行还要多注意正确的走路姿势，否则会对身体造成损伤。正确的走路姿势应该为：①头部。很多人会低头走路，“低头族”就是典例。但是，低头走路不仅会使颈后肌肉承担太大重量，还会导致肌肉劳损，有的人甚至会因此头痛。正确的做法是：抬起头部，眼睛注视前方 3～6 米处。②胸部。走路的时候应该挺起胸部，同时收紧小腹，夹紧臀部，让全身收住。古有云，“抬头挺胸，挺直做人”。③手臂。跟随步伐自然摆动，不要同手同脚。④肩膀。保持双肩放松，切忌耸肩或塌肩。⑤呼吸。走三步吸一次气，再走三步呼气一次，这样可以有效避免呼吸急促的问题。⑥髋部。将身体重心放于髋部，这样可以减少腰部的压力。⑦耳朵、肩膀、髋关节、膝盖在一条直线上，并正确的呼吸与摆臂才是正确的步行姿势。

2. 自行车

自行车是人类发明的最成功的一种人力机械之一，具有 100 多年的历史。由于其便利、低碳环保的特点，成为世界各国尤其是发达国家喜爱的交通、健身工具。骑车或步行代替驾车出行 100 千米，可以节汽油约 9 升，相应减排二氧化碳 18.4 千克。而且，骑自行车也是一种非常好的健身运动，它不仅能提高神经系统的敏捷性，提高心肺功能，更是一种非常有助于减肥的有氧运动。反观国外，美国、英国、瑞士、丹麦、荷兰等国家采取了相应的鼓励方法和政策推动自行车的顺利发展。例如，美国用税收优惠鼓励雇主给骑车上班的雇员每月 40 美元到 100 美元的补贴；英国致力于培养“骑单车的下一代”，并且还将制订新的、更加严格的自行车技能考试标准，中小学生要通过这样的考试才能骑车上路。这些不仅鼓励了全民骑车自行，还推动了国家低碳经济的发展。

3. 公共自行车与共享单车

第一代的公共自行车起源于 1965 年荷兰的“白色自行车运动”，由于偷盗问题被迫停止运行。1995 年，第二代的公共自行车在丹麦哥本哈根兴起，但由于匿名制再次以失败告终。20 世纪 90 年代末，欧洲的公共自行车结合计算机、无线通信和互联网技术进行数字化管理和运营，被称为第三代公共自行车。相比于以往的公共自行车，共享单车无桩，可以随地取用，还车方便，还具有 GPS 跟踪系统以及信用支付功能。公共自行车和共享单车的出现更是很好地解决了“最后一千米”的问题。“最后一千米”是指从轨道交通或公交站点到家的一段路程，理想的步行距离不宜超过 800 米。但是现实中，公交站点难以全面覆盖，缺乏足够的接驳交通保障，导致最后的步行距离过长。一直以来，到家的“最后一千米”是构建完善的公共交通体系的瓶颈之一，也影响着公共交通出行、市民便捷到家的服务能力和效率。总的来说，更加的便利，对于低碳出行与“最后一千米”问题的解决起重要作用。

我国共享单车最早出现于2015年5月北京大学校园，随后受到了人们的热捧并迅速发展。以某共享单车为例，自2015年6月启动以来，已连接了1000万辆共享单车，累计向全球13个国家、180多座城市、2亿多用户提供了超过40亿次的出行服务。据2017年共享单车经济社会影响报告统计，共享单车已覆盖全国200多个城市，投放量超过2300万辆，且英国、日本、新加坡等海外地区也有分布。除此之外，各类共享单车企业遍地开花。然而，过量投放、乱停乱放、管理不善等问题不断激化，导致多家企业以破产告终。

相关研究表明，共享单车在既有情景下，每人每出行一千米产生的碳排放约为8.30克。但通过替代各类出行，使用共享单车每人每出行一千米可减少碳排放22.82克。共享单车是低碳出行和“最后一千米”问题的最佳途径。相信通过政府、企业和公众共同努力，提高共享单车的使用率、减少共享单车的损毁，可以充分发挥共享单车的低碳效应。

4. 公共交通

根据住房和城乡建设部发布的《城市公共交通分类标准》，我国城市公共交通主要分为四大基本类型：城市道路公共客运交通，包括公共汽车系统、无轨电车系统、出租汽车等；城市轨道公共客运交通，包括地铁、轻轨等钢轮钢轨系统，单轨、导轨等胶轮导轨系统，磁浮列车系统等；城市水上公共客运交通，包括客轮渡系统等；城市其他公共交通类型，包括架空索道和缆车系统等。我国公共交通发展迅速，尤其是高铁，也是中国的“新四大发明”之一。公共交通运营线路长，客载量大。截至2017年，我国城市公共交通运营线路总长度达到了79.59万千米，客运总量高达847.06亿人次，尤其是公共汽车和无轨电车的承载量最为庞大。公共交通的覆盖面广、载容量大、客流疏散方便快捷，有利于减少能源消耗，推进绿色、低碳、环保社会的建设。未来社会，中国公共交通将趋向智能化、综合化、绿色化和立体化发展，使其更有利于城市的可持续发展和人与自然的和谐。

(1)公交车

按照在市区同样运送100名乘客计算，使用公交与使用小轿车相比：道路占用长度仅为后者的1/10，油耗约为后者的1/6，排放的有害气体更可低至后者的1/16。还有，深圳巴士集团组织的“公交及小汽车道路资源利用率高空无人机拍照”活动显示：1辆11米纯电动公交大巴额定载量约90人次，小汽车高峰单车载客量约1.5人次，一辆额定载量的公交车约为60辆小汽车

的运输量。也就是说，一辆公交车相当于60辆小汽车的运输量，而一辆公交车对道路资源的占用仅相当于两辆小汽车。目前，我国新能源公交车的发展十分迅猛，中国正采取典型的自上而下的策略，以实现车辆电动化目标。《2018年交通运输行业发展统计公报》发布的数据显示，2018年全国拥有新能源公交车约34万辆，占比已达到50.7%。彭博新能源财经频道(BNEF)提高，1000辆电动公交车上路行驶1天，能减少500桶柴油消耗。因此，公交车有利于减少能源消耗以及碳排放，并缓解城市交通拥堵，减少空气污染和城市噪声污染，是低碳生活中的一种新时尚。

但常规公交车的行驶车速和运营速度较慢，尤其在拥堵路段，反复加减速和停车不仅给乘客带来不适，还会增加车辆的废气排放。快速公交系统(BRT)很好地解决了常规公交车的这些不足。它是一种介于快速轨道交通(Rapid Rail Transit，RRT)与常规公交(Normal Bus Transit，NBT)之间的新型公共客运系统，通常也被人称作“地面上的地铁系统”。它利用了现代化公交技术配合智能交通和运营管理，开辟公交专用道路和建造新式公交车站，实现轨道交通运营服务，达到轻轨服务水准。BRT相比于常规公交车具有快速(平均速度为30~50千米/小时，运营速度比常规公交车高30%~100%，与轻轨接近)、高容(单方向乘客人数可达1万~2万人次/小时，比常规公交车高出2~4倍)、舒适、建设成本及时间比轨道交通节省的特点。广州西起天河体育中心，东至黄埔夏园的BRT，很好地缓解了上下班阶段的高峰客流量及环保问题。据统计，广州BRT公交系统开通后，BRT通道走廊内的公交车平均运营速度达到23千米/小时，比开通前提高了近84%；市民搭乘公交的候车时间减少15%，搭乘时间减少29%。每年可为广州减少二氧化碳排放超过8.6万吨，减少颗粒物排放14吨。

综上，公交车的发展迅速并不断平衡人们的需求与低碳发展的要求，乘坐公交车也是低碳出行的一个重要选项。

(2)地铁

地铁是轨道交通中的典型例子。它是一座城市融入国际大都市现代化交通的显著标志。地铁不仅是一个国家的国力和科技水平的实力展现，而且是解决城市交通紧张状况最理想的交通方式。世界首条地下铁路系统——伦敦大都会铁路，就是为了解决当时伦敦的交通堵塞问题而建的。中国第一条地铁线路1965年始建于北京。至2021年12月，上海和北京的地铁长度位于世界前两位，分别为831千米和783千米。虽然地铁存在建设成本高、建设时间长的缺点，但它具有节省土地资源、减少环境污染(噪声污染和汽车尾气排放)、节约能源等优点。而且它的运输能力是地面公共汽车的7~10倍，行驶速度可超过100千米/小时，担负了主要的乘客运输任务。莫斯科地铁是世界上最繁忙的地铁之一，800万莫斯科市民平均每天每人要乘一次地铁，地铁担负了该市客运总量的44%。还有香港的地铁线路虽然只有230.9千米，但它的客运量高达220万人次/日，最高时达到280万人次/日。截至2021年9月，广州地铁运营里程为590千米，位于中国内地第三名。地铁是广州市民优选的出行方式，而且广州地铁与佛山地铁相连，进一步促进了广佛同城的发展。

5. 汽车

随着人们生活水平不断提高，私家车的拥有量迅速上涨，而且它更加灵活、舒适，已成为人们重要的出行工具。与此同时，它的碳排放量占比不断上涨，总体上甚至快于交通运输业碳排放量。另外，随着打车软件的兴起，使得出租车等汽车的碳排放量更大。据估计，一辆每年在城市中行程达到2万千米的大排量汽车释放的二氧化碳为2吨，发动机每燃烧1升燃料向大气层释放的二氧化碳为2.5千克。汽车对环境产生影响最大的是其尾气。汽车尾气中的碳氢化合物和氮氧化合物在阳光作用下发生化学反应，生成臭氧，它和大气中的其他成分结合就形成光化学烟雾。不仅引起人体呼吸系统疾病等，还会污染环境，影响树木、农作物及动物的生长。10年前，我国北方频繁出现的雾霾天气就是最真实的警钟。北京的PM2.5颗粒来源中，有22%以上来自机动车排放，而上海则有25%来自车船尾气排放。汽、柴油燃烧产生的尾气已经成为城市占比最高的污染源。

当然，我们也不会禁止使用汽车，而是减少私家车的使用，选择使用相对环保的汽车。新能源汽车如今已成为低碳发展的焦点话题，并正迅猛发展。2021年，我国新能源汽车的比例占全部汽车的2.6%。新能源汽车节能减排，大大减少汽车的碳排放量以及对环境的影响，是低碳产业的重要产物。但新能源汽车的价格以及使用条件并非所有人能承受，因此在传统汽车中选择相对环保的车型显得尤为重要。关注汽车的发动机、变速器、油耗以及车身造型，低价格、小排量、低油耗、低污染、低风阻、高安全系数的汽车，及时淘汰高油耗和环保不达标的车辆。

综上，不同的出行方式对碳排放量以及环境影响不同。尝试以步代车，优先选择步行或自行车，再选择公共交通，少使用私家车。让低碳出行成为一种健康、低碳、绿色、环保的新风尚。

第三节 低碳旅游

一、低碳旅游的含义

“读万卷书，行万里路”，旅游不仅能愉悦身心，舒解压力，更能增长见识。旅游涉及衣、食、住、行、用、玩、营销、环境等多个层面，是一种综合性的人类活动。随着低碳经济、低碳生活、可持续发展、生态文明等理念的不断渗入，低碳旅游应运而生。2009 年 5 月，世界经济论坛《走向低碳的旅行及旅游业》的报告显示，旅游业(包括与旅游业相关的运输业)碳排放占世界总量的 5%。其中运输业占 2%，纯旅游业占 3%，“低碳旅游”一词也由此被正式提出。低碳旅游是一种低碳排放、低能耗的旅行方式，具体地说，是指在旅游业发展的过程当中，我们通过低碳技术、碳汇机制和低碳的生活方式使有限的能源能够在旅游循环系统当中得到有效的传递和流通，从而来获得一种更优质的旅游体验以及更高的经济、社会和环境效益。发展低碳旅游是应对全球气候变化，保护生态环境的需要，是可持续发展的需要，更是国家实现节能减排的需要。因此，低碳旅游是可持续旅游和生态旅游发展理念的行动响应。其实，低碳经济与低碳旅行相互关联，如图 5-1 所示。低碳旅行促进了低碳经济的发展，低碳经济为旅行的转型提供了契机。

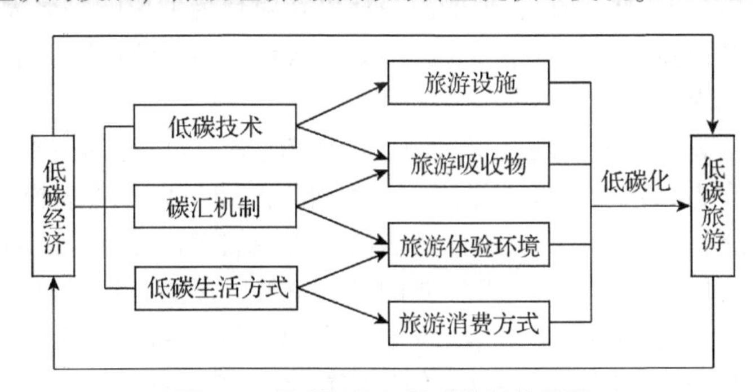

图 5-1　低碳经济与低碳旅行的关联

二、如何低碳旅游

1. 政府与企业

蔡萌等基于政府、旅游企业、旅游者等旅游各相关利益者的视角，总结出实现低碳旅游的实现路径，如图 5-2 所示。主要包括：①生态厕所、生态垃圾桶等低碳旅游环境卫生设施的建设；②采用太阳能、风能等新能源供应系

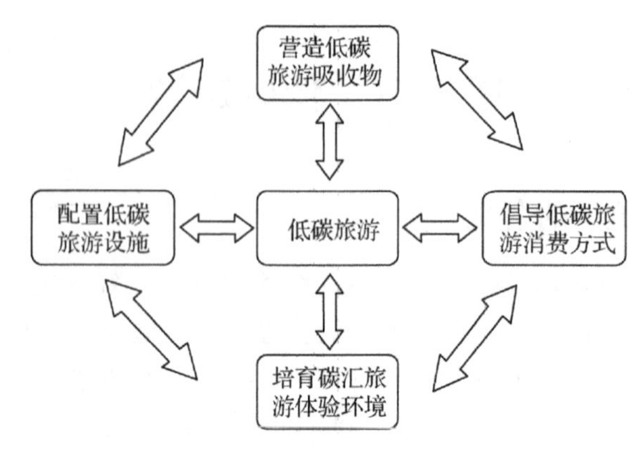

图 5-2　实现低碳旅行的途径

统；③低碳建筑，建设低碳酒店；④建设低碳游玩观光设施。

2. 低碳旅游的交通

前面提到了不同出行方式的碳排放量以及对人体、环境的影响，因此旅游的交通方式十分重要。在跨国旅行活动中，以距离衡量，航空旅游虽然只占17%的旅游行程，却占了54%~75%的旅游碳排放量；相反，公共汽车和铁路虽然占到了所有旅游运输量的16%，但却只占了1%的碳排放总量。在瑞典，1000千米的旅游距离，如果选择使用风和水能源的铁路交通，旅游者的人均碳排放量为10克；如果选择航空交通，碳排放量为150千克。飞机虽然大大节省了旅行的时间消耗，但能源消耗以及对环境的影响是最大的。因此，旅游应尽量选择步行、自行车、公共汽车、铁路等相对低碳的交通方式。

3. 低碳酒店

为配合低碳旅游的发展，很多酒店的标签已经从以往的庞大、奢华、浪费、不环保改为绿色、低碳、环保，这些酒店的建筑以及管理模式都符合低碳经济的发展。当然，在居住低碳酒店的同时我们应该注意低碳居住。例如，①酒店房间的灯饰多样，只打开需要的灯具就好；②离开房间时，关闭空调、电视、电灯等设备；③自带毛巾、牙刷、脱鞋、沐浴露等生活用品，避免使用酒店提供的一次性用品。将没有使用完的沐浴露、香皂等一次性用品带走留作下次使用；④避免使用浴缸，减少淋浴时间，及时关上水龙头等。

旅游活动涉及生活中的多个方面，除了出行和居住，还有在饮食和消费上也要注意低碳。摒弃胡吃海喝的不良习惯，拒绝购买濒危动植物制作的纪念品。此外，在旅游过程应注意不要乱丢垃圾，不要破坏生态环境，不要落下“到此一游”的痕迹。还有，在旅游过程尽量选择一些低碳旅游活动，如爬山、骑自行车、游泳等，少选择骑水上摩托、跳伞等碳排放量较大的活动。

第六章　低碳办公

第一节　低碳办公定义

2009 年，在丹麦哥本哈根气候变化会议领导人会议上，我国政府向世界承诺了 2020 年中国碳减排的总体目标。“低碳”一词成为全球瞩目的焦点，掀起了新的发展潮流。人们的生活开始贴上低碳、环保、绿色等标签，低碳办公配合低碳生活的发展应运而生。

低碳办公从广义上来说，包含的内容相当广泛，如办公环境的清洁、办公产品的安全、办公人员的身体健康等。从狭义上来看，低碳办公就是最大限度降低办公中的碳排放。在办公活动中节约资源、能源，减少污染物产生及排放，循环利用可回收产品，是全民节能减排、低碳行动的重要组成部分。

低碳办公主要包括：①在办公、行政、业务处理、人员管理等方面进行“低碳化”改革，如大力发展电子政务，实施电子签名，无纸化办公。以电子签报、电子邮件系统取代传统的办公文书，节约能源、节约时间、优化内部操作流程和操作实务，提升工作效率。②增强节约意识，养成良好的工作习惯。如上下班骑车或步行、办公室随手关闭电器、关水龙头，做到人离灯灭、人走水停、杜绝长明灯，以节省能源。有关调查发现，如果有 10 万用户每天工作结束后关闭电脑。能节省 2680 千瓦时的电，减少 1575 千克碳排放，相当于每月减少路上的汽车 2100 辆。③强化再生资源的利用、垃圾分类回收。④减少一次性物品的使用，如减少一次性杯子、餐具的使用。同时多植树，多造林。

第二节　低碳办公场所与用具

一、低碳办公空间

设计低碳办公空间与绿色建筑(低碳建筑)密不可分。绿色建筑指在建筑的全寿命周期内，最大限度地节约资源，包括节能、节地、节水、节材等;保护环境和减少污染，为人们提供健康、舒适和高效的使用空间，与自然和谐共生的建筑物。绿色建筑技术注重低耗、高效、经济、环保、集成与优化，是人与自然、现在与未来之间的利益共享，是可持续发展的建设手段。绿色建筑的室内布局十分合理，尽量减少使用合成材料，充分利用阳光，节省能源，为居住者创造一种接近自然的感觉。以人、建筑和自然环境的协调发展为目标，在利用天然条件和人工手段创造良好、健康的居住环境时，尽可能地控制和减少对自然环境的使用和破坏，充分体现向大自然的索取和回报之间的平衡。总之，低能耗，低污染，并且在产品的整个生命周期(制造、运输、使用、废弃处理)都符合可持续发展、尊重自然是绿色建筑的要素。下面从室内环境与室外环境两个方面，来介绍绿色建筑的设计特点。

1. 室内环境

绿色建筑强调室内环境状况，因为空调界的主流思想是想在内、外部环境之间争取一个平衡的关系。对内部环境，即对健康、舒适及建筑用户的生产效率，表现出不同的需求。室内环境主要考虑到温度、光照和室内空气质量等问题。

2. 温度问题

热舒适对工作效率有明显的影响。传统的空调系统能够维持室内温度，但近几年的研究表明，室内达到绝对舒适，容易引发“空调病”问题，且消耗大量能源，增加氟利昂对臭氧层的破坏。而绿色建筑要求除保证人体总体热平衡外，应注意身体个别部位如头部和足部对温度的特殊要求，并善于应用自然能源。另外，采用极大玻璃面的建筑在夏季产生温室效应，而在冬季发生来自冷玻璃面的低温辐射效应。因此，除了冬夏空调设计条件外，要分析当地气候及建筑内部负荷变化对室内环境舒适性的影响。

3. 日光照明、声问题、空气质量问题

同样的，室内光环境直接影响到工作效率和室内气氛。绿色建筑中引进无污染，光色好的日光作为光源是绿色光环境的一部分。但舒适健康的光环

境同时应包括易于观看，安全美观的亮度分布，眩光控制和照度均匀控制等。因此，应根据不同的时间、地点调节强光，从而不影响阳光的高品质。早在原始社会，中国先民就采用“坐北朝南”的方向建房屋。这样的建筑遵循大自然的规律，充分利用自然光与风。现在很多办公室从早到晚都灯火通明，其中一个主要原因是办公室的自然采光弱。另外，健康舒适的声环境有利于人体身心健康。绿色的声环境要求不损伤听力并尽量减少噪声源。这样，设计时通常将产生噪音的设备单独布置在远离房间的部位，并控制室外噪声。

在第四章低碳居住中，我们阐述了室内空气污染的严重性、室内空气质量对人体健康及工作效率的影响。通常影响空气质量的因素包括空气流动、空气的洁净程度等。如果空气流动不够，人们会感到不舒适，但流动过快，会影响温度以及洁净度。因此，应根据不同的环境，调节适当的新风量，控制空气的洁净度和流速，使空气质量达到较优状态。同时对室内空气污染物的有效控制，也是改善室内环境的主要途径之一。影响室内空气品质的污染物有成千上万种。绿色建筑不仅要使空气中的污染物浓度达到公认的有害浓度指标以下，而且要让室内的绝大多数人对室内空气品质指标表示满意。因此，需要注意建筑材料、装修材料以及日常办公用品的选用，这在第四章的低碳装修一节做了详细介绍。

4. 室外环境

绿色建筑创造的居住环境，既包括人工环境，也包括自然环境。在进行绿色环境规划时，不仅重视创造景观；同时要重视环境融和生态，做到整体绿化。即以整体的观点考虑持续化、自然化，巧妙地将绿色生态体系移植到建筑内部，借助自然景观来消除现代技术带来的疏离感。强调建筑与周围环境的和谐，营造高效、愉悦、人性化的工作氛围。可持续的应用：除了建筑本身外还包括所需的周围自然环境，生活用水的有效(生态)利用，废水处理及还原当地的气候条件。

5. 利用自然通风

自然通风，即利用自然能源或者不依靠传统空调设备系统仍然能维持适宜的室内环境的方式。自然通风满足建筑绿化的要求，它一般都不用外来不可再生资源，而且能节省可观的全年空调负荷而达到节能以及绿化的目的，是引进比室温低的室外空气而给人凉爽感觉的一种节能方式。建筑朝向，间距和布局是影响自然通风的重要因素。例如，南向是冬季太阳辐射量最多而夏季日照减少的方向，而且中国大部分地区夏季主导风向为东南向。所以从改善房间夏季自然通风热环境和减少房间冬季的采暖负荷来讲，南向是建筑物最好的选择。前面提到的“坐北朝南”就不仅利用了自然采光，还利用了自然风。另外，建筑高度对自然通风也有很大的影响，一般高层建筑对其自身的室内自然通风有利。而在不同高度的房屋组合时，高低建筑错列布置有利于低层建筑的通风。处于高层建筑区的低矮建筑受到高层背风区回旋涡流的作用，室内通风良好。绿色环境常用的送风方式是地板送风暖通空调方式。

6. 建筑的节能技术

①外墙节能技术。传统建筑常用重质单一材料增加墙体厚度以达保温效果，这种技术违背了节能、环保的要求。现在低碳建筑的墙体采用复合技术，包括内附保温层、外附保温层和夹心保温层三种。采用块体材料与钢筋混凝土承重，并与保温隔热材料复合，所使用的材料节能、环保、可回收再利用。夹心保温法是我国使用最多的技术。

②门窗节能技术。改善门窗的保温隔热性能，提高门窗的密闭性是门窗节能技术的主要方向。例如，以硬质聚氯乙烯材料制作的 UPVC 塑料型材，不仅在生产过程低能耗，无污染，而且密封性和保温隔热性好。此外，中空玻璃、镀膜玻璃(包括反射玻璃、吸热玻璃)、高强度 LOW2E 防火玻璃(高强度低辐射镀膜防火玻璃)、采用磁控真空溅射方法镀制含金属银层的玻璃以及能感知外界光变化而做出反应的智能玻璃，既解决了由于玻璃面积过大造成能源损失严重的问题，满足人们的需求，还符合了低碳建筑的要求。

③屋顶节能技术。低碳建筑的屋顶材料性能优良、兼顾冬、夏季的需求，而且生产能耗低，低碳环保。屋顶节能技术常结合智能技术、生态技术，如太阳能集热屋顶和可控制的通风屋顶等。

④采暖、制冷和照明是建筑能耗的主要部分，使用地(水)源热泵系统、置换式新风系统、地面辐射采暖等方法有助于降低能耗。

⑤新能源的开发利用。鼓励在建筑中推广应用太阳能热水器、太阳能光伏发电、自然采光照明、热泵热水、空调热回收等可再生能源利用技术。新建 12 层以下(含 12 层)的居住建筑和实行集中供应热水的医院、宿舍、宾馆、游泳池等公共建筑，应当统一设计、安装太阳能热水系统。不具备太阳能热水系统安装条件的，可以采用其他可再生能源技术替代。确实无法应用可再生能源技术制备热水的，建设单位应当向建设行政主管部门提出书面说明。由建设行政主管部门组织专家进行评估，并在 20 个工作日内做出评估结论并予以公示。专家评估结论认为应当采用可再生能源技术的，建设单位应当按照专家评估结论实施。

目前，广州将加速打造智慧节能城市，绿色建筑占新建建筑的比例达到40%以上。到 2020 年累计完成既有建筑节能改造 700 万平方米以上，创建 5 个以上绿色生态城区。2016 年广州全市新增节能建筑 2591 万平方米，可实现

年节能约28.93万吨标煤，减排二氧化碳约91.38万吨。新增绿色建筑面积1771万平方米，超额完成广东省住房和城乡建设厅下达的年度任务。

二、低碳办公用具

1. 办公设备

计算机、打印机、传真机等设备是办公室的“好帮手”，但同时也间接或直接地产生碳排放。明亮的显示器、一直处于开机状态的电脑以及待机状态的打印机都在消耗能源。还有，打印机在使用过程还会消耗纸张和油墨。因此如何选择和使用办公设备非常重要。若短时间不使用电脑，将其设置为“睡眠”模式，能耗可下降到50%以下。以即时通信工具，如电子邮件、QQ、微信等代替打印机和传真机。还有，尽量选择相对节能的设备。例如，喷墨打印机比激光打印机更环保、更低碳，因为喷墨打印机功能更多、能耗更低。

2. “无纸化”办公

纸张的使用量在办公室中也是非常大的，是办公室碳排放以及造成环境污染的重要源头之一。应该少用纸、用再生纸、双面用纸。再生纸是指以回收废纸为原料，经过打碎、去色、制浆等工艺生产出来的纸张。它的科技含量高，颜色比普通纸颜色稍暗一些。虽然没有一般纸那么“光鲜”，却可以保护两“球”：地球和眼球。再生纸只要添加荧光粉和化学成分，也能做到非常光滑、雪白，但却以污染环境为代价。

3. 办公用品

订书机、透明胶、马克笔、涂改液等物品属于消耗性办公用品。用可重复使用的回形针或别针固定文件、用图钉代替透明胶粘贴公告、用普通笔记本代替商务黑皮笔记本等都可减碳。还有，在制作名片、宣传册或公司礼品时，考虑使用环保纸或回收纸制作的产品或包装。这不仅有利于降低公司成本，而且能让办公室更加低碳。

4. 节能灯具

现今，城市里高楼相拥，因此有的办公楼难以很好地利用自然光。但在选用灯具时，也应最大限度减少碳排放。普通白炽灯、节能灯、LED灯是市面上比较多见的灯具，建议办公室尽量选用LED灯。下面给大家介绍节能灯和LED灯的不同。

①技术对比。节能灯的主要发光材料仍然是钨丝。其原理是，钨丝通电发热后会产生电子，运用一定的技术手段，使电子加速。节能灯的灯管被设计成真空，其中充有水银，加速后的电子与受蒸发后的汞原子作用，产生紫外光。在节能灯管内涂有荧光物质，紫外线照射到荧光物质上，就产生了光

线。LED灯则是通过一个个LED灯珠串联或并联而成，这些LED灯珠由发光二极管构成，在集成电路芯片作用下将交流220伏电源转变为电压。电流能与LED集合相匹配的直流电，以满足LED灯珠集合体的要求，使其正常发光。

②亮度对比。光通量指人眼所能感觉到的辐射功率，1瓦LED灯=3瓦节能灯=15瓦白炽灯。由此可见，LED灯在亮度(光通量)方面是远远高于节能灯和普通的白炽灯的。

③能耗对比。相同光通量的情况下，一盏LED灯在能耗上仅为节能灯的1/4。这是因为节能灯消耗的电能有一小部分会转化成热能而散失，而LED灯则没有这个问题。在日常使用中，10瓦的LED灯使用100小时，仅耗电1千瓦时，能耗上远远优于节能灯。

④寿命对比。由于LED灯不存在灯丝熔断的问题，一般的LED灯的寿命都可以使用5万小时以上，还有一些特别的LED灯寿命更是达到10万小时。而一般的节能灯的寿命在5000小时左右，最高的也有达到8000小时以上的。

⑤环保对比。节能灯里充有水银等有害物质，随着使用时间增长，节能灯的密封性会出现缝隙。其中的汞会挥发至空气之中，造成环境污染。而LED灯所用材料更安全、环保。

⑥价格对比。虽然LED灯的性能等多方面比节能灯好，但价格比节能灯高得多，这也是目前阻碍LED推广的一个重大原因。但综合比较，LED更适合长远发展。

5. 饮食

首先，员工应自带水杯和饭盒，减少一次性餐具的使用。其次，为了提高员工的福利，很多企业都会提供丰盛的工作餐。在享用时应根据自己需要选择，谨记“光盘行动”，不要觉得不拿就亏了。还有，在公司聚会、差旅等过程，应注意低碳出行、轻车从简、低碳饮食，少安排宴请。

第三节　低碳办公会议

大量的纸质会议资料(有时甚至使用硬质卡纸制作)、矿泉水、一次性记录用笔、便笺、会后的宴请等，都是很多会议造成大量碳排放的源头。另外，有的会议需要把很多人从不同地方聚集到一起，并且提供公务交通以及酒店住宿。这更是大大消耗资源，造成大量碳排放。低碳办公倡导控制会议数量、压缩会议规模、开小会、开短会。

首先，严格控制会议数量，少开会，做到可开可不开的会议坚决不开，能一个会解决的问题不要放到另一个会。现代科学技术为少开会提供了十分便利的条件，原本要在会场开的会，可以通过远程技术在线上传达会议文件精神、安排布置工作，同样也可以起到开会的作用。

开短会是提高行政效能的重要途径，更是对与会人员的一种尊重。要做到开短会，会议组织者就要在会前下足“功夫”。从制订会议方案到会中的每个环节都要经过精心谋划，把会开得有条不紊，既紧凑又有效率。要开门见山，直奔主题，只要能把意思表达清楚，让与会者在最短的时间内领会会议精神就行。开短会还要控制讲话人数，一个人能说清楚的，就不要再“补充”“强调”了。

开小会就要做到尽可能地缩小会议规模，不为了捞“政绩”而刻意去追求会议规格和会议声势，要最大限度地减少参加会议的人数。还有，尽量避免会后的豪华宴请、以电子材料代替纸质材料、以可重复使用的杯具代替一次性纸杯或矿泉水等，都可以大大减少会议开支、减少会议碳排放、提高会议效率。更重要的是，这有助于把干部从“文山会海”中解放出来。腾出更多的时间和精力去抓落实，通过会议传递出高效、为民务实清廉之风。

坚持低碳办公的新型办公方式包括：远程培训、远程办公、项目协同工作，召开远程会议等。例如：对人力资源部门来说，采用远程培训的方式对各地分支机构员工进行培训，无疑是最快速、最有效的方法。同时，还可以在线上学习平台采用录制的标准课件，进一步提升学习效率。无论是董事会议或是全国销售会议，没必要所有人都要长途差旅。简单地运用网络视频会议系统代替远程会议，在降低企业运营成本的同时，可以大大减少碳排放。此外，电话会议也很方便，虽然比不上“面对面”的对话效果更好，但能节省下一大笔的通信费用。

第四节　低碳办公的小习惯

1. 低碳上下班，争做“走班族”

低碳上下班是指在上下班时选用低碳出行的方式，而对于低碳出行的益处在第五章中已经提到。优先选择步行、骑自行车的出行方式，其次选择地铁、公交车出行，尽量少选用出租车和私家车。另外，电梯平均每上或下一层，就会释放 0. 218 千克二氧化碳。通过较低楼层时改走楼梯，多台电梯在休息时间只部分开启等行动。全国 60 万台左右的电梯每年可节电 30 亿千瓦时，相当于减排二氧化碳288万吨。因此，多爬楼梯少乘电梯不仅是一个锻炼的好机会，更是节约了能源，低碳环保。

2. 节约用纸，使用可再生纸，双面用纸

不用印花或彩色信纸。全国的机关、学校、企业都采用电子办公，每年减少的纸张消耗在100万吨以上，节省造纸所消耗的能源达100多万吨标准煤。另外，注意将过期报纸、杂志、废纸统一集中回收。据统计，回收一吨废纸能生产850千克的再生纸，可以少砍17棵大树，节约100吨水、300千克化工原料、1.2吨煤、600千瓦时电，还可以减少35%的水污染，节约一半以上的造纸原料。而事实上，美国在1997年使用的再生纸用量就占纸张的46%，日本于20世纪70年代后期开始大量生产和使用再生纸，其比例达到60%。我国早在2000年上海、北京等地就提倡在全市推广再生纸。

3. 充分利用自然风、自然光

很多办公室白天灯火通明、窗户和窗帘紧闭。原因是很多员工觉得拉开窗帘阳光强烈计算机显示屏反光，而拉下窗帘又导致计算机显示器光线不足。但其实这些都是可以通过电脑摆放方向来调节的，对于办公室光线分布不均的问题，亦可以用反光板进行采光。过亮的计算机显示器不仅会消耗更多电力，缩短显示器的寿命，还会严重伤害人们的视力。以一台24寸显示器为例，亮度调至100%时，显示器的功耗约为81瓦，在最低亮度时，功耗为32瓦。实际上，50%的亮度才是省电又保护视力的最佳模式。另外，在夏天，很多办公室喜欢把空调开到24℃甚至更低，有的人瑟瑟发抖，有的人汗水直流。这是因为中央空调所致的。其实，在风量较大时，少开空调多开窗，能使办公室空气更流通。提高室内空气质量，减少“空调病”，而且更节能减排。此外，选用节能的空调非常重要，一台节能空调比普通空调每小时少耗电0.24千瓦时。按全年使用100小时的保守估计，可节电24千瓦时，相应减排二氧化碳23千克。如果全国每年10%的空调换为节能空调，在此期间，每年可节电3.6亿千瓦时，减排二氧化碳35万吨。

4. 多让办公设备“休息”

首先来看一下几组数据：①一台饮水机在全天24小时开机的情况下，年耗电约600千瓦时。但一般单位需要饮水机的工作时间只占1/3，另有2/3的时间都是消耗在夜间和周末。夜间和周末关闭饮水机，每年节省用电400千瓦时。②空调房间的温度不会因为空调的关闭而马上升高，出门前3分钟关空调。按每台每年节电5千瓦时的保守估计，相应减排二氧化碳4.8千克。如果对全国1.5亿台空调都采取这一措施，那么每年可节电约7.5亿千瓦时，减排二氧化碳72万吨。③不用电脑时以待机代替屏幕保护，每台台式机每年

可减排二氧化碳 6 千克。用液晶电脑屏幕代替 CRT 屏幕，液晶屏幕与传统 CRT 屏幕相比，大约节能五成。④还有常见的自动贩卖机，如果还有冰冻功能，它的使用和能耗会与冰箱差不多。

此外，应该尽量集中打印。打印机每启动一次，都要进行初始化、清洗打印头并对墨水输送系统充墨，这个过程会使墨水造成浪费。减少打印，传真，尽量利用即时通信工具完成。而且打印机、复印机应放置在方便使用和空气流通性比较好的位置，既可以防止打印机的噪声，又可减少对空气污染。多让打印机、复印机、饮水机和电脑“休眠”。离开办公室时顺手关闭显示器电源，关掉所有电器。

5. 让办公室多一抹绿

在办公室环境适当的位置，种植一些室内绿色植物，如万年青、富贵竹等。既可吸收白天办公产生的二氧化碳，还能点缀我们的办公室场所，在舒缓视觉疲劳中，解除每一个人的工作压力。办公室摆放绿色植物的 7 大好处：①绿色植物可以有效清除室内有毒气体和室内灰尘(可吸收 87%的有毒气体)，是良好的空气净化机。②绿色植物能使眼睛得到休息，消除眼疲劳，非常适合现代工作压力大、长期面对电脑的坐班族。实验证明，注视绿色植物可以使视觉疲劳和眨眼次数明显减轻和减少。从而有效缓解眼部疲劳，并预防眼睛干燥症的发生。③植物具有隔音、除尘、阻光、降温、滋润肌肤等功能。④绿色植物可以在潜移默化中，解除疲劳、舒缓紧张、排除压力，进而心旷神怡。⑤绿色植物还能调和办公环境，使办公室更人性化。⑥绿色植物就像一个天然“加湿器”，会向室内蒸发 100%的纯净水。夏季的空调、冬季的暖气，加湿器必不可少，于是“空调病”和加湿器带来的健康隐患也随之而来。其实，在室内摆放植物不仅美观，还有调节室内温度和湿度的作用。植物通过根吸收的水分，只有 1%用来维持自己的生命，其余 99%都释放到空气中。而且无论给它们浇什么样的水，最后蒸发出去的都是 100%的纯净水。因此将一些喝剩的茶水、空调水等收集后浇灌，还能节约水资源。⑦选择适当的植物，可以释放出更多的氧气。由于室内植物在晚上不进行光合作用，只进行呼吸作用。所以很多人担心它们会在晚间排出二氧化碳，影响室内空气。其实，可以利用特殊植物在晚间清除二氧化碳，例如仙人掌和多肉植物，这对于提高昼夜空气质量大有帮助。

6. 其他小习惯

(1)注意低碳饮食，避免点外卖，少在外面聚餐。自备水杯、餐具，避免使用一次性餐具。

(2)避免选择有毒、能耗性的文具。少用木杆铅笔、多用纸杆铅笔，少用胶水、修正液等含苯溶剂产品，多使用回形针、鱼尾夹。文件袋、档案袋、快递袋等尽量重复使用。这里给大家介绍一个让断墨的笔重获新生的小妙招：用胶带将断墨的笔固定在自行车车条上，使绑有笔的车轮快速转动 10 秒左右，即可使断墨的笔重新出油。

(3)节约用水。不要觉得是公司的水与自己无关。随手关上水龙头，关紧水龙头。发现有坏的水龙头、马桶水箱，及时报修。

(4)喝“低碳”咖啡。尽量不要挑选使用氯化亚甲基溶剂处理的低咖啡因豆，多选用瑞士水处理法、醋酸盐溶剂处理、二氧化碳超临界处理的低咖啡因豆，因为氯化亚甲基会破坏臭氧层。多尝试手摇的咖啡磨代替电磨，不仅可以磨出更醇香的咖啡，还节约用电。另外，咖啡渣的特点与活性炭相似，可以摆放在室内、冰箱、鞋柜吸味或者埋在花盆中作栽培材料。

(5)少喝饮料，多自制养生茶。下面给大家介绍几种非常适合上班族饮用的茶。

①甘菊花。有助于消除眼睛疲劳，改善睡眠；

②素馨花。有助于排毒养颜、安神补脑；

③菊花茶。可以清热解毒，减轻眼睛疼痛；

④勿忘我。清心明目，可治疗头疼、牙痛；

⑤枸杞。是最受欢迎的养生茶，有助于补气补血、延缓衰老、提高免疫力、清肝明目；

⑥甘草绿茶。可以抵抗辐射损伤，并有效清除身体内毒素。

第七章　绿色消费

第一节　绿色消费的概述

一、消费观演变进程

消费观与当下生活的社会文明密切相关。在农耕文明时期，以手工业和家畜饲养业为主，以人力、畜力和简单的工具耕作。生产力水平低下，物质资源也十分有限。因此，这个时期人们倡导节俭，重俭黜奢，如老子的《道德经》中多次批判贵族上层铺张浪费、贪图享乐、腐化堕落的行为，强调寡欲和知足的重要性。这个时期的消费行为被称为“褐色消费”，同时，这种消费观中蕴含着绿色消费的内涵。到了工业文明(黑色文明)时期，大机器的出现极大提升了工业化水平和生产力水平，人们生活的消费需求也随之加大。但是，黑色文明时期消费行为以粗犷型为主导，自然资源急剧衰竭，环境遭受到严重污染。给人们留下来惨痛的教训，这个时期的消费行为被称为“黑色消费”。随后，人们逐渐意识到人与自然和谐相处和可持续发展的重要性，否定黑色文明的生产生活方式，大力开展绿色生活，推崇绿色文明，倡导绿色消费。

二、低碳消费的内涵

前面提到了低碳生活、循环经济、绿色文明、可持续发展等理念，而这些理念与绿色消费行为密不可分。目前对于绿色消费行为的概念阐述很多，因每个学者研究重点的不同会有所差异。国际上，绿色消费遵循“5R”原则：节约资源、减少污染(Reduce)；绿色生活、环保选购(Reevaluate)；重复使用、多次利用(Reuse)；分类回收、循环再生(Recycle)；保护自然、万物共存(Rescue)。根据“5R”原则，绿色消费包含了三层含义：一是针对消费品，倡导消费者消费时选择未被污染或有助于公众健康的绿色产品；二是针对消费观，消费者转变消费观念，不仅是追求生活舒适，更要注重低碳、环保，节约资源和能源，实现可持续消费；三是针对消费过程，消费者要注重对废弃物的处理处置，尽可能地减少环境污染。同时，这三层含义也可以用“3E”和“3R”进行概括，即经济实惠(Economic)、生态效益(Ecological)，符合平等、人道(Equitable)；减少非必要的消费(Reduce)、重复使用(Reuse)和再生利用(Recycle)。此外，绿色消费对工农业生产消费也提出了新的要求。近年来，各地如火如荼地开展“三高两低”(高投入、高耗能、高污染、低水平、低效益)企业的整治工作，倡导“节能、降耗、减污、增效”的清洁生产。而农业生产消费方面，可持续发展农业的模式已经提上日程。

总的来说，绿色消费不仅包括绿色产品，还包括节约能源、资源的回收利用。它的本质与自然生态环境保护紧密相连，是一种适度节制的可持续消费。符合21世纪“绿色”的主题，顺应了全球绿色发展的趋势。

三、低碳消费行为和消费者

目前，国内外很多学者都对人们的消费行为进行调查研究，分析绿色消费行为的意向。其中，IcekAjzen 提出的计划行为理论(Theory of Planned Behavior，TPB)也常被运用于探讨消费者绿色行为意向。TPB 理论主要包括五要素：态度、主观规范、知觉行为控制、行为意向和行为，五要素之间的关联如图7-1所示。黄美灵等在调查研究广东省居民绿色消费行为时就采用了Ajzen 的计划行为理论并结合了绿色消费的特点，如图7-2所示。类似这样的研究模型还有很多。综合对绿色消费行为特征分析的相关研究，可以发现，调查研究一般围绕人口统计特征和心理统计特征开展，包括年龄、性别、受教育程度、环境意识、绿色消费认知和意愿等。通过这些研究结果可以分析影响当地消费者绿色消费行为的主要因素，并为政府引导人们绿色消费提供方向、推动企业降低绿色消费门槛、开展绿色营销策略。杨屹等将影响消费者绿色消费的因素主要概括为个人因素、社会因素和外部干扰因素。个人因素主要指消费者的观念、知识、意识、态度和行为，社会因素主要指社会群体对消费者的消费行为的影响，而外部干扰因素主要指企业和政府的影响。还有，社会心理因素、情境因素(绿色认证以及产品的质量)和经济因素会影响消费者对绿色产品的选择，影响绿色消费行为。

绿色消费者一般是指是具有绿色环保意识，并已经或可能将绿色意识转化为绿色消费行为的人群。他们追求绿色、低碳、环保的生活方式，比传统消费者更注重个人与自然和谐相处。绿色消费者的消费特征一般具有以下几

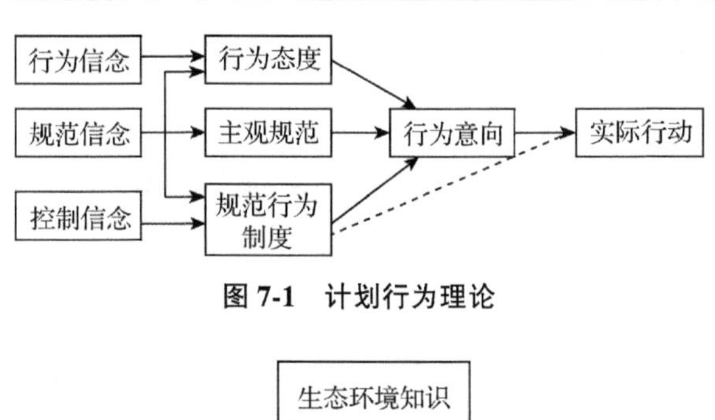

图 7-1　计划行为理论

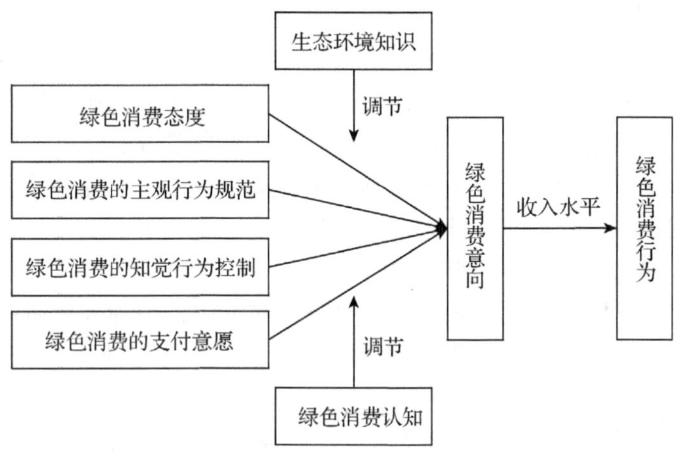

图 7-2　结合绿色消费的计划行为理论

点：①消费动机都基于“绿色”，把生态需求放在首位；②商品的选择从保护生态环境出发，不购买高碳、污染环境的商品；③既不杜绝消费，也不盲目消费，而是倡导适度节俭，科学消费和可持续消费；④关注产品的整个生命周期，倡导“摇篮到摇篮”的生产方式；⑤具有较高的社会责任意识，能自觉加强生态需求。根据分类方法的不同，绿色消费者的分类也不一样。比较典型的是根据消费者的绿色环保意识(自我认定)分类并以“色度”表示，可以分为：①浅绿色消费者，他们的绿色环保意识较为模糊，较少关心环境状况，收入较低，难以接受绿色产品的溢价，难以将绿色意识转化为绿色消费行为；②中绿色消费者，他们的绿色环保意识较强，较关心环境现状，会选择性购买绿色产品，但对绿色消费的了解仍然不足；③深绿色消费者，他们有很强的绿色环保意识而且相关知识储备丰富，非常积极主动地关心环境，参与绿色消费，收入水平一般也较高。对以上这种分类方法，还有一种与之相似、但又更加细的分类方法，主要是国外发达国家的企业进行营销调研时采用。主要是将绿色意识和消费行为的程度差异分为五类，从强到弱为绿色活动分子、绿色思考者、绿色消费者基础、绿色关注者和非绿色消费者。当然，还有通过根据消费者的人口、心理结构、环保态度、对环境的承诺程度等方面对绿色消费者进行分类。

第二节　大学生绿色消费

一、大学生消费现状

近年来，网购和外卖的迅速发展极大地便利了人们的生活。“双十一”“双十二”“年中大促”等网购活动更是大大提升了商品销量，刺激了经济的发展。校园里快递服务站中堆积如山的快递，还有外卖点单量的“光荣榜”似乎成了常态。这些暴露了现今大学生消费理念和行为的问题，也是社会广泛关注的问题。根据相关调查研究，目前大学生消费行为存在的问题有：

1. 存在攀比心理，面子消费和从众消费

近日，各种“摔”成为了网络上的热点，网友们纷纷加入，通过各种“摔”在网络平台展示自己的生活并引起关注。其中，有消防员、警察、军人、学者晒出各种设备和书籍，给我们带来了正能量。但是，最受关注的却是各种摔炫富，晒金钱、晒化妆品、晒名牌包包、晒首饰等。“摔炫富”最初是俄罗斯名模发起的一场“Falling Star”挑战而引起的，照片中的人摆出摔倒的姿势，周围洒落了各种奢侈物品。发起挑战的模特还传授秘诀“下巴要稍微抬高，眼睛里必须闪耀着光芒”。这类活动成为很多人炫富的方式，也体现了“面子”“炫富”在潜移默化地影响人们的消费。

令人担忧的是，不少大学生也都有攀比心理，他们之间也存在着面子消费和人情消费。上大学后，没有穿戴规定的服饰，没有限制活动时间，他们把穿得时尚、戴得高贵、吃得珍贵、玩得高级等外在因素作为吸引别人关注以及获取他人尊重的标准。而且，从众心理也在校园内作祟，很多学生认为“别人有的我没有，会显得不合群，大家都参与了促销活动，我不参加会吃亏”。这种消费心理导致资源浪费，与绿色消费理念相悖。

2. 超前消费和“享乐主义”

大学生的经济尚未独立，大多数生活费都源于父母，消费力和购买能力都不高。但是，“蚂蚁花呗”“京东白条”以及各种网贷却在大学生中盛行，这反映了大学生极大的消费欲望。甚至超过了其家庭经济实力，只能“花明天的钱圆今天的梦”。再者，由于生活费暂时不需要通过自己赚取，很多学生没有意识到一分一毫都来之不易，打着“年轻人要学会享受生活”的口号消费。这些行为往往导致大学生过度消费，甚至有的无法按时还款，最后由父母替其

收拾“烂摊子”。

3. 低碳、环保、绿色意识薄弱

虽然绿色、低碳、环保的风气盛行，但很多人包括大学生对“绿色消费”都只知皮毛，或者没有将绿色意识转化为绿色消费行动。主要表现为：频繁点外卖，大量使用一次性餐具；眼宽肚窄，没有把“光盘行动”落到实处；喜新厌旧，过于追赶潮流，不管自己是否真的需要等。这些行为不仅造成资源浪费，还会污染环境。

二、如何培养大学生低碳消费观

事实上，大部分大学生都对现今的生态环境状况有一定的了解，但有的环保意识比较薄弱，没有深入理解绿色消费的内涵。因此，社会、学校和家庭需要共同努力，培养大学生们的绿色消费意识，引导他们绿色消费。

1. 社会层面

网络是学生了解社会动态最常用的途径，因此，应充分利用网络媒体，大力宣传生态环境知识以及树立绿色消费观的重要性。广泛开展绿色活动，加深大学生对绿色、低碳、环保理念的认识。此外，政府也应该采取相关法律法规，保障绿色消费的发展。同时，还应加强对学校周边经济环境的建设和监管，严厉打击骗诱大学生借贷的行为。

2. 学校层面

学校对于学生绿色消费意识的培养至关重要。首先，学校应在校园内营造绿色、低碳、环保的环境氛围，强调绿色消费的重要性。例如，在饭堂内提醒同学们“光盘行动”，引导同学们多吃饭堂少点外卖；对存在攀比行为的同学进行引导教育，了解他们内心的想法，引导他们纠正不良的消费习惯。其次，思想政治课是培养学生绿色意识，树立正确消费观的重要途径。学校应该将绿色意识和理念融入课程，并采取积极有效的教学方法。开展多种课堂形式，包括研究性教学、案例教学、情景教学，还有外出实践交流学习、理论与实践相结合，让学生能更真切地理解绿色消费的内涵。还有，学校可以结合绿色消费理念和低碳环保知识举办多种活动，传播绿色文化，让同学们在活动中逐渐树立绿色消费观。

3. 家庭层面

家庭是孩子的第一课堂，家庭教育是教育事业的重要一环。首先，父母应该树立正确的绿色消费观，这可以影响孩子消费观和消费习惯的形成。再者，父母对孩子过分溺爱似乎成为很多家庭的现状，尤其是独生子女，这很容易导致孩子形成“衣来伸手，饭来张口”的不良习惯。家长应当把孩子的生活费控制在合理范围。让他们提前了解到柴米油盐的来之不易，逐渐培养大学生经济独立能力，塑造合理的理财意识。

第三节　推动全民绿色消费

根据绿色消费的内涵，绿色消费包括消费观念的绿色化、生产性消费的绿色化以及生活消费的绿色化，涉及个人、企业和政府三个层面。

1. 个人层面

对于个人层面，最首要的无疑是理解绿色消费的内涵，培养绿色消费意识，树立正确的价值观和消费观，然后将这种意识转化实际的消费行为。绿色消费其实是低碳生活中的重要一步，而低碳生活又是绿色消费的基础。对于如何践行低碳生活，在本书的前半部分已经作了详细的介绍。公众的绿色消费行为有利于减少资源浪费，保护生态环境，促进社会可持续发展。

2. 企业层面

前面介绍绿色消费的内涵时已经提到，绿色消费不仅是购买的产品，还有生产过程的绿色，这也被称为绿色生产性消费。因为在生产过程中需要消耗各种自然资源和能源，还会影响生态环境。所以需要将绿色贯穿到产品的整个生产流程，这个过程与企业紧密相关。企业应当不断进行技术创新改革，贯彻绿色工业革命的理念；提高资源的利用率，使用清洁能源和清洁生产方式，最大限度地减少对生态环境的影响。此外，目前的绿色产品价格普遍较高，导致很多人都难以接受绿色产品的溢价。因此，企业还需要通过技术创新，在保证产品质量的同时降低绿色产品的成本。并采取适当的营销手段，吸引大众购买绿色产品。

3. 政府层面

政府应当积极发挥对绿色消费的指引、服务和规范作用，建立健全相关法律法规和管理制度。近年来新兴的促进型立法，如《循环经济促进法》《清洁生产促进法》，就有助于引导和鼓励公众树立正确的绿色消费观。事实上，我国的《环境保护法》《节约能源法》中都有涉及对绿色消费的倡导，但只是简要提及，没有作具体的规定。而且，绿色消费应该贯穿产品的整个生命周期，包括生产、消费、使用以及废弃物后处理。政府应加大执法力度，严格规范和监管企业的生产活动，加强对绿色产品的质量检测。

总之，推进绿色消费是构建绿色、低碳、环保社会的重要一步，是实现社会可持续发展的必然选择。

下　篇

生态文明篇

第八章　生态文明

第一节　人类文明及其发展历程

一、文明的定义

“文明”一词看似简单，但其含义却不简单。目前世界上认定的最早人类文明产生于距今5500年至6000年间的美索不达米亚的苏美尔地区，是由苏美尔人开创的苏美尔文明。

文明在《现代汉语词典(第7版)》的解释为：①文化(人类在社会历史发展过程中所创造的物质财富和精神财富的总和，特指精神财富，如文学、艺术、教育、科学等)。②社会发展到较高阶段和具有较高文化的(文明人，文明国家)。③旧时指有西方现代色彩的(风俗、习惯、事物)。文明是使人类脱离野蛮状态的所有社会行为和自然行为构成的集合，这些集合至少包括了以下要素：家族观念、工具、语言、文字、信仰、宗教观念、法律、城邦和国家等。由于各种文明要素在时间和地域上的分布并不均匀，产生了具有显而易见区别的各种文明。具体到现代，就是古埃及文明、古巴比伦文明、古印度文明、华夏文明四大文明，以及由多个文明交汇融合形成的俄罗斯文明、土耳其文明、大洋文明和东南亚文明等在某个文明要素上体现出独特性质的亚文明。

或者说，文明是人类文化和社会发展的一个新阶段。这一阶段的特征是：物质资料生产不断发展，精神生活不断丰富，社会分工和分化加剧。由社会分工和阶层分化发展成为不同阶级，出现强制性的公共权力——国家。文明是在国家管理下创造出的物质的、精神的和制度方面的发明创造的总和。而在马克思主义文明观中，文明是人类社会及人自身从低级向高级的发展过程。总的来说，“文明”是与“野蛮”相对的一个概念。

二、人类社会的文明历程

人类文明多彩多样，包括经济文明、社会文明、政治文明、生态文明、黄色文明、蓝色文明、绿色文明等。按照马克思唯物史观的划分，人类文明分为原始社会、奴隶社会、封建社会、资本主义社会和共产主义社会(社会主义为其第一阶段)。根据文明形态的发展，可分为采集渔猎文明、农耕文明、商业文明、工业文明和生态文明(绿色文明)。

1. 采集渔猎文明

采集渔猎文明是始于远古时代，是一种原始而古老的生产方式，也是一种原始而古老的习俗。在原始生产力条件下，人类为了生存直接向大自然进行索取，同时也制造了各种工具以改进工作方式。随着人类社会的不断进步，食物越来越多样、富足，采集渔猎文明也逐渐退出历史舞台。有人曾把这个带有血腥色彩的文明称为红色文明。

2. 农耕文明

农耕文明是由农民在长期农业生产中形成的一种适应农业生产、生活需要的国家制度、礼俗制度、文化教育等的文化集合，一直持续到工业革命之前。古代农耕文明公认的发源地包括古巴比伦、古埃及、古印度和古中国。中华文明是农业文明的典范，在距今 10 000—8000 年间，中国早期农业已形成了以粟为代表的北方旱作农业和以水稻为代表的南方水田农业两大系统，以及与手工业、家畜饲养业相结合的南稻北粟格局。农耕文明是人类社会最为稳定但也是低水平均衡的文明形态，具有显著的地域性且地域孤立。而且最早的农业文明破坏了森林、草原等植被，使大片的黄土地裸露，因此也被称为黄色文明和大陆文明。

3. 商业文明

商业文明是由自行发展成的，以商业或工商业为发展中心的文明，可分为海洋类商业文明与陆地类商业文明两类，海洋类商业文明是最重要的部分。商业文明起源于地中海地区，它使各地域打开大门；各文化互相传播碰撞，广开商路，是全球化最早的推动力。因此，商业文明也被称为蓝色文明，具有开放、冒险的特质。商业文明为工业文明的到来做了准备。

4. 工业文明

18 世纪 60 年代，英国工业革命将人类社会发展推进到一个全新的时代——工业文明。工业文明兴起于西欧，鼎盛于美国。大机器工业代替手工业，机器工厂代替手工工场，生产力迅速提升，是最富活力和创造力的文明。资本主义是工业文明的主要社会形态。但随着发展，资本主义的“黑暗面”逐

渐露出，内部矛盾加剧。另外，工业文明对大自然造成了大规模的污染、侵略，导致自然资源急剧衰竭，生态环境遭受到严重的破坏并开始“报复”人类。八大公害事件：比利时马斯河谷烟雾事件、美国多诺拉镇烟雾事件、伦敦烟雾事件、美国洛杉矶光化学烟雾事件、日本水俣病事件、日本富山骨痛病事件、日本四日市气喘病事件、日本米糠油事件，这些事件给人们敲响了警钟。传统的工业文明造成严重的环境污染和生态破坏，最终只会使人们付出惨重的代价，带向黑暗的未来。因此，这种文明也被称为黑色文明。

5. 生态文明

生态文明，是一种新型的社会文明，是人类可持续发展必然选择的文明形态。生态文明强调人与自然和谐共处，遵循自然法则，秉持可持续发展的理论；否定黑色文明的行为方式，是能够持续满足人们幸福感的文明。

三、文明与环境

西亚文明(两河文明)发源于幼发拉底河和底格里斯河；古埃及文明发源于尼罗河第一瀑布至三角洲地区；中国文明发源于黄河流域；古印度文明源于印度河和恒河流域。不难发现，这世界四大古文明都发源于雨水充足、气候温和湿润、动植物资源丰富的大河的冲积平原上。良好的气候、肥沃的土壤、丰富的物产是文明产生的重要环境条件。但同时随着文明的进步，人类向自然索取的资源不断增加；排放的污染物逐渐超过环境的承受能力，对环境产生了巨大的冲击。绿色文明的一个目的就是权衡人类文明的发展与自然环境之间的关系。

许多文明都创造了独特的物质、文化遗产，为世界做出了巨大贡献，但却惨遭消亡，这是为什么呢?

玛雅文明处于新石器时代，在天文学、数学、农业、艺术及文字等方面都有极高成就，它的建筑工程达到了世界最高水平。相关的调查研究表明，气候变化可能是毁灭玛雅文明的原因之一。持续100多年的干旱，加上公元810年持续了9年的干旱和公元860年持续了3年的干旱，使玛雅文明走向危机。而公元910年的大旱可能直接给玛雅文明造成致命性的伤害。可能这与原生环境问题有关，但次生环境问题是其重要原因。随着文明的繁盛，人口膨胀，农业压力剧增。玛雅人抽干低洼地带以进行农业生产的行为和刀耕火种的农业种植方式有可能改变了当地气候，减少了该地区的降水量，同时气温不断升高。此外，美国国家航空航天局戈达德太空研究所气象学家本杰明·库克通过重塑2000年前的植被模型发现，玛雅人大面积砍伐森林加剧了该地区的干旱状况。随后，水资源枯竭、粮食短缺、争夺加剧等问题爆发，社会矛盾激化。之后虽然玛雅人缩小了城市规模，但这并不能从根源上解决问题，最终导致文明灭绝。

还有古埃及文明，它给世界留下了许多不朽的奇迹，如埃及金字塔，是世界七大奇迹之一。但这个兴盛了将近100代人，繁荣了数千年的文明最终走向了衰亡。研究学者认为，外敌的入侵严重摧毁了古埃及文明，但最致命的一击是尼罗河的洪涝以及气候变化带来的旱灾。尼罗河原来的自然条件优越，土壤肥沃。但由于人们不断开垦土地、砍伐森林、过度放牧导致水土流失日益严重，土地开始荒漠化、沙漠化。最终，生存环境被破坏，人们难以继续生存，古埃及文明随之消亡。

除了玛雅文明和古埃及文明，还有很多这样神秘消失的文明。他们的消失可能与外族入侵有关，但与气候环境的变化脱不了干系。而气候变化的背后是人类不合理利用自然资源，破坏生态环境。正如习近平总书记指出，“生态兴则文明兴，生态衰则文明衰。生态环境是人类生存和发展的根基，生态环境变化直接影响文明兴衰演替”。目前，我国生态环境状况不容乐观，环境容量有限，污染严重。“胡焕庸线”两侧地理环境差异较大，加剧了地区间的不平衡。生态环境压力大，生态系统脆弱。因此，推进生态文明建设是实现中华民族永续发展的必由之路。

第二节　生态文明的概述

一、生态文明的定义

生态是指自然界中植物、动物、微生物之间，生物与环境之间的存在状态及其相互依存、相互促进、相互制约、相互影响的复杂关系。生态一般指自然生态，它是按照自在自为的规律存在、运行和发展的。生态系统是指在自然界的一定空间内，生物与环境构成的统一整体(动态平衡)，由生命系统和环境系统在一定空间组成的有机复合体。它是一个相对稳定的开放系统，是地球生物圈的基本功能单位。人们逐渐意识到不能任由黑色文明的肆意发展，生态文明应运而生，它是人类文明发展的新阶段。狭义的生态文明主要针对人与自然的关系，注重保护自然生态环境，强调人与自然和谐共处，侧重点在环境保护和经济形态方面。是继物质文明、精神文明、政治文明之后的第四种文明。广义的生态文明是新的社会文明形态，包括人与自然的关系、人与社会的关系、人与人的关系等方面，其渗透到文化价值、生活方式以及

社会结构上，强调共生共存、全面的和谐。由于地球上资源枯竭、气候变化、环境污染、物种灭绝等问题日益严重，生态文明的建设刻不容缓。总的来说，生态文明是以人与自然、人与人、人与社会和谐共生、良性循环、全面发展、持续繁荣为基本宗旨的社会形态(图 8-1)。

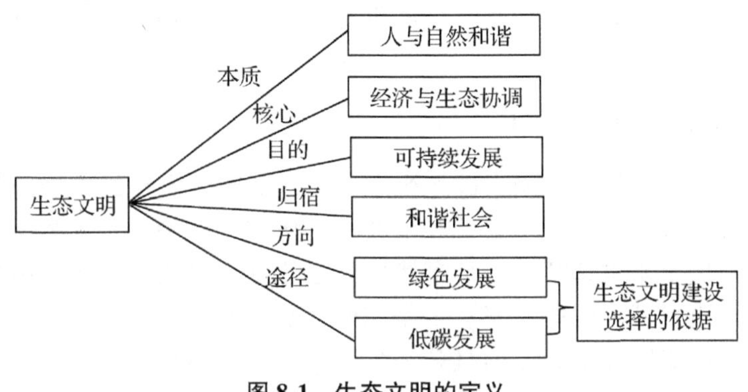

图 8-1　生态文明的定义

事实上，生态文明起源于中国的传统文化。早在 2500 多年前的孔子、老子和印度的释迦牟尼都从不同角度谈到了人与自然。例如，儒家思想中关于“天人合一”的整体观、“天人同体”的和谐观和“仁民爱物”的伦理观；佛教提出“众生平等”“山川草木，悉皆成佛”；道家文化中构想的理想社会以及《庄子 · 天云》提到的相濡以沫；老子的“人法地，地法天，天法道，道法自然”等。而在西方，绿色文明起源于 19 世纪末的法国思想家史怀泽创立的生命伦理学。在近代，《寂静的春天》《增长的极限》《我们共同的未来》《21 世纪议程》等相关书籍和报告都警示人们环境污染的严重性，记录生态文明的不断演变。

2007 年，党的十七大首次将建设生态文明写入报告中，成为全面建设小康社会的新要求之一。2012 年，党的十八大集中论述生态文明建设问题，进一步强调生态文明在中国社会主义现代化建设中的重要性。结合人与自然和谐的理念与十八大的成果，生态文明可定义为人类为保护和建设美好生态环境而取得的物质成果、精神成果和制度成果的总和；是贯穿于经济建设、政治建设、文化建设、社会建设各方面和全过程的系统工程，反映了一个社会的文明进步状态。2018 年 5 月 4 日，习近平总书记在纪念马克思诞辰 200 周年大会上提到，学习马克思，就要学习和实践马克思主义关于人与自然关系的思想。2018 年 5 月 18 日，习近平总书记在全国生态环境保护大会上发表了重要讲话，深刻阐述生态文明建设的重大意义以及建设路径。2019 年党的十九大报告更是强调，生态文明建设是中华民族发展的永续大计。习近平总书记深刻指出，我们既要绿水青山，也要金山银山；宁要绿水青山，不要金山银山，绿水青山就是金山银山。宁可在发展上适当稳一点，也不要破坏生态环境。小康全面不全面，生态环境质量是关键。经济发展不应是对资源和生态环境的“竭泽而渔”，生态环境保护也不应是舍弃经济发展的“缘木求鱼”。良好生态环境是人和社会持续发展的根本基础，蓝天白云、青山绿水是长远发展的最大本钱。

二、生态文明的特征

生态文明是对传统文明中破坏生态环境、威胁人类持续发展的弊端进行深刻反思和扬弃，实现人与自然和谐共处、协调发展的一种新型文明。生态文明主要有四个基本特征，一是自然性和自律性，强调人类在享用自然资源的同时要尊重自然和保护自然；二是和谐性和公平性，强调人与自然、人与人、人与社会之间和谐相处而且公平统一；三是整体性和多样性，生态系统是一个统一的整体，社会的其他文明也与生态文明相互关联，同时人、社会、自然、生物存在多样性；四是伦理性和文化性，强调人类应承认自然界的权利，对生命和自然界给予道德关注，履行对自然的道德义务，而且一切的文化活动包括指导我们进行生态环境创造的一切思想、方法、策划等意识和行为应符合生态文明建设的要求。而生态文明的内在逻辑如下：绿色发展目的在于实现经济发展与环境保护协调统一，实现人类可持续发展。低碳发展的目的是减少全球碳排放，减缓气候变化。绿色发展是低碳发展的巩固和强化。

三、生态文明思想的内涵

党的十八大以来，以习近平同志为核心的党中央高度重视生态文明建设，从党和国家事业发展全局的高度，深刻回答了“为什么建设生态文明”“建设什么样的生态文明”“怎样建设生态文明”等重大理论和实践问题。推动生态文明建设和生态环境保护从实践到认识发生历史性、转折性、全局性变化，形成了习近平生态文明思想。

习近平生态文明思想集中体现了中国共产党的历史使命、执政理念、责任担当，是一个系统完整、逻辑严密的科学理论体系；其核心是促进人与自然的和谐发展，践行可持续发展理念。“深深根植于中华文明丰富生态智慧的习近平生态文明思想，在生生不息的生态文明实践中不断发展、丰富，有力指导我国生态文明建设和生态环境保护取得历史性成就和变革。”

四、生态文明的建设路径

党的十九大报告指出，生态文明建设功在当代、利在千秋，第一次将“坚

持人与自然和谐共生”纳入新时代坚持和发展中国特色社会主义的基本方略。集中体现了党中央全面提升生态文明、建设美丽中国的坚定决心和坚强意志，为中国特色社会主义新时代树起了生态文明建设的里程碑。2017 年 12 月 18 日，习近平总书记在中央经济工作会议上指出，“从塞罕坝林场、右玉沙地造林、延安退耕还林、阿克苏荒漠绿化这些案例来看，只要朝着正确方向，一年接着一年干，一代接着一代干，生态系统是可以修复的”。那么，在新时代该怎样建设生态文明呢？

1. 践行“两山”理论不动摇，全面贯彻习近平新时代生态文明建设思想

习近平总书记指出，“我们既要绿水青山，也要金山银山。宁要绿水青山，不要金山银山，而且绿水青山就是金山银山”。这一重要论述深刻揭示了人与自然、社会与自然的辩证关系，是习近平新时代生态文明建设思想的核心价值观，为新时代生态文明建设提供了理论指导和实践范式。我们要坚持以习近平新时代中国特色社会主义思想为指引，增强“四个意识”，坚定“四个自信”。要深入理解习近平新时代生态文明思想，把握其中的丰富内涵，树立和践行绿水青山就是金山银山的理念。坚持以人民为中心的发展思想，始终把人民放在心中最高位置。大力学习和弘扬右玉精神，艰苦奋斗，久久为功，一年接着一年干，一代接着一代干。坚定不移走生产发展、生活富裕、生态良好的文明发展道路，让“两山”理论在中华大地化为生动实践、结出丰硕成果。

2. 建立健全生态文明体系与体制，坚决打好污染防治攻坚战

习近平总书记强调，必须加快建立健全以生态价值观念为准则的生态文化体系、以产业生态化和生态产业化为主体的生态经济体系、以改善生态环境质量为核心的目标责任体系、以治理体系和治理能力现代化为保障的生态文明制度体系、以生态系统良性循环和环境风险有效防控为重点的生态安全体系。构建生态文明体系是实现 2035 年总体形成节约资源和保护环境的空间格局、产业结构、生产方式、生活方式的重要保障。此外，要落实以最严格制度最严密法治保护生态环境的法治观。加快推进生态文明体制改革，有效防范生态环境风险，提高环境治理水平。解决好雾霾天、黑臭水体、垃圾围城等生态环境问题，防范化解“邻避效应”。

3. 保护绿水青山不懈怠，不断提升生态文明建设水平

绿色与繁荣昌盛相连，荒芜与衰落贫穷搭伴。习近平总书记指出，“植树造林是实现天蓝、地绿、水净的重要途径，是最普惠的民生工程”。“山水林田湖是一个生命共同体，人的命脉在田，田的命脉在水，水的命脉在山，山的命脉在土，土的命脉在树”。我们要携手倡导、自觉践行尊重自然、顺应自然、保护自然的生态文明理念，坚持政府主导、社会参与、全民动手，统筹山水林田湖草系统治理；坚持山水林田湖是生命共同体的原则，大力实施重要生态系统保护工程，开展国土绿化行动，推进荒漠化、石漠化、水土流失综合治理，全面加强世界自然遗产地、自然保护区、沙化土地封禁保护区、重要水源地和重要湿地的保护和建设；持续构建生态安全屏障体系，着力形成生态廊道和生物多样性保护网络；进一步巩固和扩大生态文明建设成果，让我们的天更蓝、山更绿、水更清、环境更美好。

4. 坚持绿色发展不松劲，形成绿色循环低碳发展格局

坚持绿色发展是发展观的一场深刻革命。习近平总书记指出，“正确处理经济发展和生态环境保护的关系，像保护眼睛一样保护生态环境，像对待生命一样对待生态环境，坚决摒弃损害甚至破坏生态环境的发展模式，坚决摒弃以牺牲生态环境换取一时一地经济增长的做法”。我们要坚持“生态优先、绿色发展”，坚持传统产业与新兴产业互促共进、深度融合，严守生态功能保障基线、环境质量安全底线、自然资源利用上线“三大红线”；推进能源生产和消费革命，着力打造绿色产业、绿色制造、循环经济、清洁能源、低碳经济；积极鼓励和支持绿色技术创新，全方位推动产业转型升级。做到经济效益、社会效益、生态效益同步提升，实现大地山川绿起来，生活环境美起来，人民群众富起来。

5. 推进共治共享不停步，营造绿色和谐良好社会风尚

同在蓝天下，共爱一个家。生态文明建设同每个人息息相关，人人都是践行者、推动者。习近平总书记指出，“环境就是民生，青山就是美丽，蓝天也是幸福。”我们要加强生态文明宣传教育，倡导简约适度、绿色低碳的生活方式，反对奢侈浪费和不合理消费。开展创建节约型机关、绿色家庭、绿色学校、绿色社区和绿色出行等行动，形成全社会共同参与的绿色行动体系。我们要携起手来，从自身做起，从小事做起，多节约一滴水、一度电、一张纸，少开一天车、少使用一个塑料袋。让绿色低碳、环保文明的生活方式成为一种风尚、一种习惯，共建生态文明，同绘美丽中国。让人民群众在绿水青山中共享自然之美、生命之美、生活之美。

6. 加强党对生态文明建设的领导，建设一支生态环境保护铁军

坚持和完善党的领导，是党和国家的根本所在、命脉所在，是全国各族人民的利益所在、幸福所在。生态文明建设是一项大工程，关乎民生，关乎中华民族的永续发展，而污染防治攻坚战更是一场大仗、硬仗、苦仗，因此必须加强党在生态文明建设中的领导。关心和支持生态环境保护队伍的建设，对于各级领导班子和领导干部要建立科学合理的考核评价体系，进行考核选

拔，严查严打不负责任的行为。

建设美丽中国，实现中华民族的永续发展是我们这一代人所肩负的重任。这就需要全国各族人民携手共进，推进我国生态文明建设，为我们的共同目标攻坚克难，共同努力。

第九章 环境伦理

第一节 环境伦理的产生

环境伦理学又被称为生态伦理学，产生于西方 20 世纪 70 年代，是对人与自然环境之间道德的系统研究。是指人与生态环境之间的一种利益分配和善意和解的紧密相关的关系，是人与自然的和谐共生的关系。与前面讲述的生态文明思想的内涵相契合。

环境伦理思想的产生与人类工业文明的进程紧密相关，是人类在对资源过度开发和环境破坏问题经理性反思的基础上形成的。在工业革命以前，环境问题就开始萌芽，包括水土流失、旱涝灾害、土地盐碱化、沙漠化等。但是当时由于人们生产力低下，更依赖和敬畏自然，因此由自然活动和自然灾害引发的环境问题居多。而在工业革命后，环境问题进入了恶化阶段。经济高速发展，人们对资源掠夺性开发，对环境造成了极其严重的破坏。森林锐减、臭氧层破坏、大气污染，甚至引发了一系列至今骇人听闻的公害事件，这一阶段的文明也被称为“黑色文明”。而这些环境问题的产生对现代的环境伦理思想的产生提供了很好的素材(图 9-1)。

黑色文明时期不仅严重破坏了生态环境，而且对人类的生存也造成了危害。人们开始意识到问题的严重性，发起了各种主题的环保运动。以美国为例，1970 年 4 月 22 日，美国哈佛大学学生丹尼斯·海斯发起并组织由全美国 1 万所中小学、2000 多所大学组成的 2000 多万人游行集会。人们高举着受污染的地球模型、巨幅图画、各种表格，高呼口号，进行集会和演讲，强烈要求政府采取措施保护生存环境。这一次的行动促使了美国环保法规的制定以及全球人类环境会议的召开、联合国环境规划署的成立。因此这一天也被命名为“地球日”，同时成为了 140 多个国家的民众进行大规模环保活动的共同纪念日。这些环保运动很好地催生和助力现代环境伦理思想的产生。

人类实施的工程活动在对环境造成损害，破坏自然环境的同时也会危害人类本身，影响人类的可持续发展。因此现代工程建设中所产生的环境问题必须从纯粹的技术层面上升到伦理和法律层面，从而真正实现工程造福人类的同时，实现人与自然协同发展的目标。前面提到环境伦理思想与工程活动密切相关，因此其中涉及的环境伦理问题是由人类、工程活动、自然环境之间产生的人与人、人与自然的矛盾而引发，主要包括公共安全、生产安全、社会公正、工程师社会责任与职业道德等(图 9-1)。

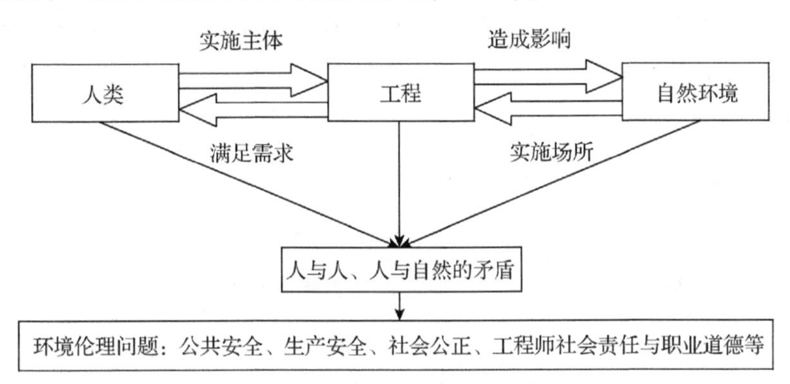

图 9-1　环境伦理问题的产生

第二节　工程环境伦理的基本思想和原则

一、工程环境伦理的基本思想

环境伦理在产生的过程中孕育了各种不同的思想流派，而根据它们讨论问题的原则、出发点以及目的主要分为两大类，即人类中心主义与非人类中心主义。前者以人为中心，把人的利益作为价值和道德判断的标准；而后者更关注自然环境的价值与利益。事实上，这两种原则的对峙源于 19 世纪以吉福德·平肖为代表的资源保护主义和以约翰·缪尔为代表的自然保护主义。资源保护主义主张“科学的管理，明智的利用”，其目的是保护环境中的人类利益，即资源，这属于人类中心主义的资源管理方式。而自然保护主义与功利化的资源保护主义截然不同，它的目标是保护自然的完整性，针对的是自然本身而不是人类利益，这与非人类中心主义相契合。

人类中心主义在人与环境的伦理关系中贯彻了“人是目的”的思想。它认为人是唯一具有内在价值的存在物，以人为衡量万物的价值尺度，以人为评价标准，而自然界中除人以外的事物只具有工具价值。因此，仅有人类可以享有道德关怀。实施工程活动的目的也只是为了满足人类需求，人类的生存与发展是人类中心主义的最高目标。在黑色文明时期，对自然的无情掠夺正是强人类中心主义的体现，也对生态环境造成了严重影响。

与具有悠久历史传统的人类中心主义不同，非人类中心主义是在 20 世纪 60 年代以后才开始迅速发展(图 9-2)。其目的也恰好与人类中心主义相反，它更注重环境的内在价值以及利益，认为人并非衡量万物的尺度，人类应该是属于自然界中的一部分。因此，道德关怀的范围也不局限于人类，而是扩展到自然界的其他事物中。根据道德范围扩展程度，非人类中心主义还包括了三个流派。

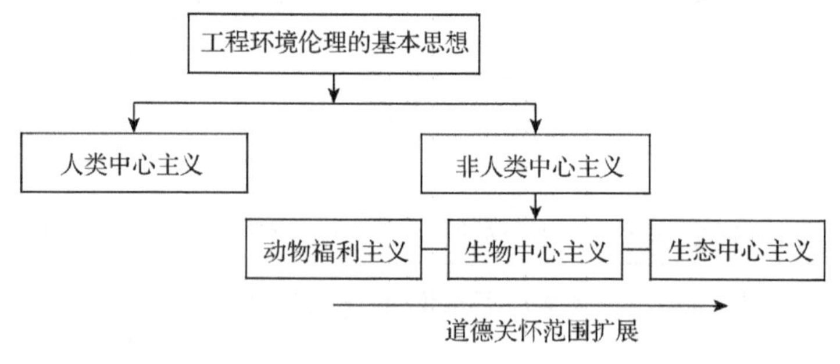

图 9-2　工程环境伦理的基本思想构成

1. **动物福利主义**

包括了以彼得·辛格为代表的动物解放论和以汤姆·雷根为代表的动物权利论。彼得·辛格是世界动物保护运动的倡导者，他撰写的《动物解放》被翻译成 20 多种文字，流传于世界各国，被誉为“动物保护运动的圣经”“生命伦理学的经典之作”以及“素食主义的宣言”。辛格认为感受能力应纳入界定道德关怀范围当中，主张将道德关怀的范围扩展到动物。揭露了当今人类为满足自身利益需求剥削、伤害动物的恶行。辛格的思想也影响了大批素食主义者的诞生。同样地，汤姆·雷根提出了“生命主体”的概念，认为动物也是生命主体，与人一样具有内在价值，也应享有道德权利，得到人类的尊重。但是，动物福利主义局限于动物个体，缺乏对整个生态系统的全局关怀。

2. **生物中心主义**

以阿尔贝特·施韦泽、保罗·沃伦·泰勒为代表的生物中心主义在精神层面上创立和论证“敬畏生命”的环境伦理，认为人应该敬畏一切生命体，提出了我们对自然应有的态度和行为规范。而泰勒是在施韦泽的环境伦理基础上，以“尊重自然”的伦理思想科学而理性地论证了生物中心主义。他的伦理

体系包括了尊重自然的道德态度、生物中心主义自然观以及尊重自然的原则与行为规范，这三个部分是紧密相连的有机整体。生物中心主义认为人与其他生物都是地球生命共同体的一员，共同享有地球资源。人与自然实是相互联系、相互依赖的关系。虽然生物中心主义在动物福利主义基础上进一步地扩展了道德关怀的范围，关怀生命本身，但本质上属于个体主义，具有局限性。

3. 生态中心主义

以利奥波德的“大地伦理学”和创立深生态学的阿恩·纳斯为代表的生态中心主义(生态整体主义)是非人类中心主义中道德关怀最广的，它将道德关怀的对象延伸到无生命的生态系统，认为生命和非生命存在物都具有其内在价值。它们相互联系，构成一个有机整体，即主张生态整体主义。在这里，自然界不仅具有对人有用的工具价值，还具有其自身独特的，与人无关的内在价值。

习近平总书记在2005年提出的“绿水青山就是金山银山”的科学论断其实是以上两种基本思想的综合。经济发展与良好的生态环境都是目前人们日益追求美好生活的需求，“两山”理论突破了人类中心主义和非人类中心主义中将人类利益与自然环境分割的不足，强调经济与生态的协调发展和有机统一，即承认自然界的工具价值和内在价值，对它们赋予道德关怀。此外，“两山”理论也为生态文明建设提供了科学论据。

二、工程环境伦理原则

工程活动的实施难免会对环境造成不同程度的影响，如大坝的建设往往需要阻断天然河道或者砍伐清库，影响了附近水文及气候；开采矿产资源可能会严重破坏矿区地下水资源以及土地资源；城市的建设可能会造成大气和噪声污染等。再者，在实施工程活动时往往还会产生大量的废气、废水和废渣，对于“三废”的合理处理处置至今仍然是一个棘手的问题。因此，为了更好地实现经济与生态环境的协调发展，需要遵循相关的环境技术标准及法规，同时以环境伦理标准和原则约束我们的行为。目前，对于现代工程活动中的环境伦理原则主要包括以下四个方面。

1. 尊重原则

首先，尊重自然、敬畏生命，承认自然界中其他事物具有内在价值以及相关权利，这也是环境伦理学的核心问题。在此基础上，才会探索出一系列能够更好地处理人与自然关系的伦理原则和行为规范。

2. 整体性原则

环境保护与经济发展、自然环境与生产环境存在对立统一的关系，现今往往对立大于统一。经济活动造成的负面效应直接原因是环境的经济价值未被计算到经济成本中，没有计算长远账、整体账。或者说人们只关注项目本身的经济成本，没有把握好人与自然之间利益的平衡，违背了环境伦理学中的整体性原则(图 9-3)。我国生态文明思想的其中一个重要内涵就是主张人与自然的利益相协调的科学自然观，而不是以人为中心。

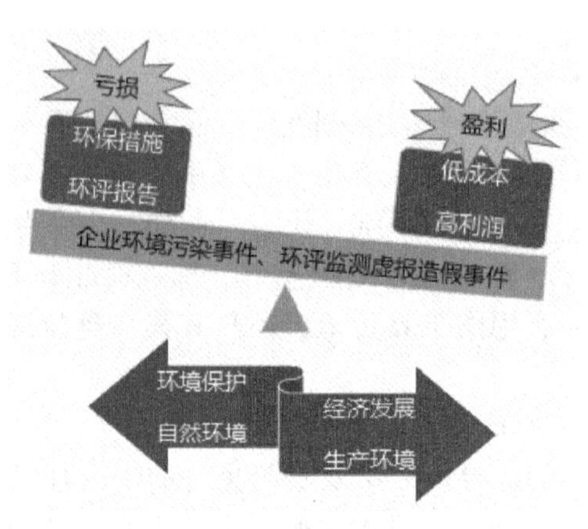

图 9-3　环境成本与经济成本对立统一

3. 不损害原则

不损害原则顾名思义就是尽可能地减少对自然环境造成损害。既然承认自然界中其他事物的内在价值，就应该维护他们的权利与利益，把自然存在物纳入道德关怀的范畴内。此外，不损害原则并不是指完全没有伤害，而是充分考虑到工程活动对生态环境造成的影响，并且此影响可以通过生态系统的自我调节或者人为采取手段进行修复。

4. 补偿原则

在日常的生产生活中难免会对环境造成影响，因此在对自然获取利益的同时应对其负责，努力恢复自然环境的生态平衡。如著名的三峡工程的建设责任人对库区受影响的植物，进行迁移、人工繁殖引种等生物学保护措施。已完成库区珍稀植物 30 种、库区主要优势植物 73 种的迁地保存，并建立了一批陆上和水上的自然保护区，从而弥补三峡工程对库区附近生态和生物多样性的造成的不良影响。

另外，不损害原则和补偿原则中对自然环境的损害应有一个前提，即虽然违背了环境伦理原则，但是应考虑该工程活动是否符合人际伦理，是否为人类生存所需。在权衡人类利益与环境利益时应遵循以下原则：首先是整体利益高于局部利益的原则，即主张生态整体主义。如果人类的不紧要需求(局部利益)将损害自然环境的整体利益，则应当考虑保全生态系统的完整性。然

后是需要性原则，当人类与自然同样是整体利益发生冲突时，应考虑两者哪一个需要性更强，一般来说生存需要优先，基本需要其次，最后是非基本需要。最后，当某些特别活动将同时影响人类与自然的生存需求时，可以优先选择满足人类需求，如饮用水的取用。

三、工程师的伦理原则与责任

工程活动与自然环境密切相关，而工程师作为工程活动的主体，也是与环境打交道的主要责任人。因此，工程师尤其是环境工程师对自然环境负有更加特殊和重要的环境伦理责任，包括尊重自然规律、保护自然环境以及减少环境损害。他们的主要社会责任是在保护环境的同时不阻碍或促进经济的健康发展，以及保护其他社会利益。此外，工程师的职业伦理原则和责任主要包括以下几方面。

1. 安全原则

工程师应当时刻优先考虑公众的安全、健康和福祉，尽可能地避免工程中的安全风险，这也是工程师在实施工程中首要遵循的原则。

2. 诚信公平原则

诚实公平是社会提倡的道德规范，也是工程师应有的职业精神与科学态度。近年来频频发生的环评抄袭造假、伪造监测数据等问题大多是因为工程师没有权衡好个人、企业与社会的利益。

2018 年，山东省环保厅印发了《山东省建设项目环境影响评价文件质量考核办法》，提出了“环评终身责任制”，明确规定环境影响评价机构以及编制主持人和主要编制人员对其建设项目环境影响评价文件的质量和结论终身负责。该责任制更有力地约束环境影响评工程师的行为，但是环评报告的编制涉及多个环节与部门，因此该制度的执行效果仍在考察当中。

3. 节约资源，保护环境

在生态文明建设的进程中，工程师更应该担当重任，承认自然界存在物的内在价值及权利诉求。遵循可持续发展战略，在工程建造时选出最有利于实现人类与环境协调发展的方案。

4. 人性化与民主参与原则

首先是设计的工程产品应该遵循人性化原则，使工程技术和工程更符合人们的需求，能够与人和谐共处，尤其是要考虑到公众的安全。2016 年出现了一系列儿童安全事件的“夺命柜”，其中一个重要的原因是抽屉柜在设计时设计不当或只注重了设计的艺术感。另外，工程师在实施工程时应当多倾听公众的诉求，让公众参与技术决策的过程，这样才能更好地满足公众的需求。

在实际工作中，工程师往往会因为其利益和身份而陷入伦理困境当中。以环境工程师为例，依照我国法律的规定，项目建设单位应当委托环评单位编制环境影响评价文件，环境影响评价是项目开展的重要环节。为了能够在激烈的市场竞争中生存和发展，环评机构希望能够拿到更好的成绩，满足客户的需求。环评专家也希望能保住自己的"饭碗"同时得到晋升。

另外，根据职业精神的伦理维度，环境工程师的角色可能具有三重性：职业人、社会公众、企业的管理者。尤其是资历尚浅的工程师，他们总是觉得自己没有资深工程师的观点权威，对存在的安全隐患"敬而远之"，担心自己的"多管闲事"会导致公司同事以及雇主的不满。因此，在利益的冲突、角色道德冲突的困境下，他们可能会撰写出缺乏客观性和公正性的环境影响评价报告。因此，相关的伦理意识、原则与责任对工程师来说是既是限制，也是一种保护。

第三节　相关案例介绍及伦理分析

一、云南绿孔雀栖息地破坏事件

绿孔雀又名爪哇孔雀、龙鸟，在中华文化中寓意吉祥。是承载中华文化精髓的活载体，是中国国家一级保护动物，同时被世界自然保护联盟(IUCN)列为濒危物种。与动物园内的观赏性蓝孔雀不同，绿孔雀高大威猛，尾屏更加宽长，翠绿光彩，它们羽色鲜艳，遍身华丽，叫声清亮穿透山谷。然而，由于栖息地转变、偷猎、毒杀、修建水电站等人类活动导致绿孔雀的栖息环境日渐萎缩，生存受到了极大威胁。种群数量甚至比大熊猫还要稀少，保护形势极为严峻。

2020 年 3 月 20 日，云南省审理了首例针对珍稀动物保护的预防性公益诉讼案——"云南绿孔雀"公益诉讼案。该案件历时两年零八个月，重新唤醒了人们对濒危动物绿孔雀的认识。当天上午，昆明市中级人民法院据此作出一审判决：被告中国水电顾问集团新平开发有限公司(以下简称"新平公司")立即停止基于现有环境影响评价下的戛洒江一级水电站建设项目，不得截流蓄水，不得对该水电站淹没区内植被进行砍伐。对戛洒江一级水电站的后续处理，待被告新平公司按生态环境部要求完成环境影响评价后，采取改进措施并报生态环境部备案后，由相关行政主管部门视具体情况依法做出决定。由被告新平公司向原告自然之友支付为诉讼产生的合理费用 8 万元。早在 2008

年，戛洒江一级水电站工程厚积薄发，虽然当时其相当一部分的淹没区域都处于当时的恐龙河州级自然保护区内，后来通过对保护区的调减而得以顺利进行。但是在2013年，中国科学院西双版纳热带植物园硕士生顾伯健在云南红河流域的绿汁江河谷做季雨林植被调查时，意外发现了绿孔雀的羽毛并意识到水电站的修建会破坏绿孔雀的栖息地。2016年3月，云南省红河(元江)干流戛洒江水电站工程正式动工。直到2017年，顾伯健成功联系到了“自然之友”“野性中国”等民间环保组织的帮助。他们联合专家学者、摄影师、律师对相关区域进行调查取证，不仅发现了绿孔雀的踪迹，还发现了大量珍稀植物陈氏苏铁。除了绿孔雀和苏铁，专业人士在调研过程中还发现淹没区有千果榄仁、红椿、多种兰科植物等国家二级保护植物，以及黑颈长尾雉、褐渔鸮、绿喉蜂虎等国家二级保护动物。这里还保存有原始的热带季雨林植被及沟谷中的热带雨林片段。而该水电工程将严重破坏该地原始的干热河谷季雨林生态系统，造成无法估量的生物多样性损失。随后，他们向环境保护部发出紧急建议函，建议暂停红河流域水电项目，挽救国家一级保护动物绿孔雀仅存的栖息地。2017年11月，昆明中院受理“自然之友”诉新平公司、以及承担环评工作的中国电建集团昆明勘测设计研究院有限公司(以下简称“昆明设计院”)环境污染责任纠纷一案。2018年云南省“两会”期间提到了加强对水利水电建设工程的环评审批，保护珍稀、濒危野生动植物的栖息地。同年8月，该预防性公益诉讼案进行司法程序，直至2020年3月份做出一审判决。

经分析，根据前面所述的环境伦理原则，显然该案例中水电站的建设不符合尊重原则。若该工程成功实施，将会严重破坏绿孔雀的栖息地以及大量的珍稀陈氏苏铁和多种国家二级保护植物。而企业本身在人与自然的诉求发生冲突时，选择了建设水电站，没有尊重自然的内在价值。另外，新平公司没有遵从环境利益与人类利益相协调，没有统筹考虑人与自然的共同利益。再者，以严重损害自然环境的健康为代价的行为，是错误的。毫无疑问，该工程同样违反了不损坏原则，该水电站工程会严重损坏附近的生态环境，可能会对导致该区域绿孔雀的灭绝，危害濒危植株陈氏苏铁的生长；且严重破坏淹没地原始的干热河谷季雨林生态系统，破坏淹没区的生物多样性。由于该工程建设虽然违背了环境伦理原则，但对人类是有益的，因此可以利用原则运用顺序来判断该工程是否应该实施。首先，该案例是自然界的局部利益与人类的局部利益发生了冲突，因此仅根据“整体利益高于局部利益原则”不能得出结论。而根据需要性原则，该水电站建设区域对绿孔雀等生物来说是生存需求，而对于人类来说仅是基本需求，因此该水电站工程确实不应该实施。

还需注意的是，2008年恐龙河保护区的两次调整是该水电站工程环评报告通过审批的其中一个重要“通行证”。但是，根据相关的自然保护区调整管理规定，自然保护区的调整应该确保主要保护对象得到有效保护。不损害生物多样性，而且一般只能为国家级、省级重点项目和重大民生项目“让路”，还需要提供工程建设对自然保护区影响的专题论证报告。而《恐龙河州级自然保护区范围调整报告》明明写着，调区会对绿孔雀和另一种国家Ⅰ级保护动物黑颈长尾雉产生中度影响，但相关环评还是通过了。另外，该案例中的环境影响评价报告中提到“野外调查未见动物(绿孔雀)活动，但有动物活动痕迹……(工程)不会影响该物种在当地生存和繁衍”。这与环保组织的调查结果显然不符。环评报告中还提到，“由于时间局限和野生动物特点，无论鸟类还是其他隐蔽性更强的类群的动物均不可能在短期内通过实地观察得出满意结论……”。的确，工程涉及的绿汁江、石羊江等流域，是绵延数十甚至上百千米的封闭河谷，不通路、不通船、不通桥。需要借助漂流、攀岩等方法才能清楚地调查出隐藏的珍稀动植物。调查过程十分艰险，而且需要消耗大量人力物力。但是昆明设计院承接了该项目的环评工作，本就应该肩负起其相应的环境伦理责任。

事实上，环评本该是环境保护的第一道防线，为何却成了这一案件中最关键的“纰漏”？而且近年来，环评造假，如前段时间由公众揭发，引起热议的深圳湾环评造假事件。或因环评报告而引发的案件，如江苏响水312爆炸事故、812天津滨海新区爆炸等事件更是屡见不鲜。当然，这可能与目前环境影响评价还存在着较多难以解决的问题有关，例如，①“走过场、走程序”成为常态：在我国，行政机关对环评的约束主要是程序审查。这意味着，环评机构实质上能做到什么程度，是很难掌控的。对环评方而言，满足法律和规程的要求比较易行，而真正把一个地区的资源本底和保护需求调查清楚则很难。需要怎么样调整，才能使环评报告发挥出应有的价值，仍然难以解决。②“萝卜快了不洗泥”：在有些地方GDP依然是政绩考核的核心指标，还有低成本，高收益是大多数企业的利益诉求。获取利润往往才是商人的核心目标，因此难以端平环境成本与经济成本的天秤。详细真实的环评报告往往需要更高的成本，更复杂的审批，这可能会成为他们项目的“绊脚石”，这种情况难以缓解。③环评机构市场化：环评机构一般由建设单位聘请，环评费用由建设单位承担。环境影响评价文件是由建设单位出资，委托技术单位开展。上海环境法律师张秀秀表示。“从制度设计上，环评的依附性是比较强的。因为是建设单位作为委托方花钱请环评机构来制作这个环评文件，主观上还是想促成这个项目，委托方对环评机构会施加一定的影响。”正所谓“吃人嘴软，拿

人手短”。中国是一个人情社会，在这种情况下，环评几乎不可能不通过。即使存在环境问题，专家基本上只是提出建设性意见，而不会否定项目，环评工程师对于“饭碗”与责任常常陷入困境中。④重资质，轻实力：有着多年环境影响评价和生物多样性评估工作经验的某高校生态学副教授王为江(化名)说：“一些甲级资质的环评单位，对专家组成员的高级职称特别重视，但对具体专业的要求反而相对宽松。有些‘专家’到了现场，植物不认识、动物不认识、生态不了解，根据工程要求编写一个报告就交上去了。”但有时候资质对于报告的权威性又是需要具备的。

二、水体污染事件

1. 云南阳宗海砷污染事件

2017 年全年，云南阳宗海湖体水质总体终于稳定达到Ⅲ类水；其中 11 月，水质好转为Ⅱ类水。阳宗海终于走出了 10 年的“砷污染”阴影。云南阳宗海是云南九大高原湖泊之一，总蓄水量 6.17 亿立方米，素有“明湖澄碧、高原明珠”之美誉。在《澄江府志》中记载到：“此湖每遇晴空，云敛静影澄碧，渔歌互答，帆船往来宛若画图，景谓‘明湖澄碧’，为明、清时阳宗县的四景之一。”但在 2008 年 6 月，阳宗海水体出现砷浓度异常波动，环保部门对砷污染的检出率超过Ⅲ类水质标准。7 月 30 日，全湖平均值达到 0.116 毫克/升，超过五类水质标准 0.16 倍，类别为劣Ⅴ类。9 月 12 日，云南省政府宣布禁止饮用阳宗海的水，禁止在阳宗海内游泳，禁止捕捞阳宗海的生产品的“三禁”措施。

经调查，云南澄江锦业工贸有限公司违反国家规定，未建生产废水处理设施，大量含砷废水在厂内循环。又由于没有做防渗处理，多年积累的砷污染物逐步渗漏释放，污染地下水。导致阳宗海水体严重污染，被确认为该污染事件的主要来源。对被提出的违法事实，该企业不断地抛出“天灾论”“受害论”等说法以逃脱法律制裁。事实上，企业员工曾先后有三批出现过砷中毒、砷过敏的现象，并且三次都发生在硫酸车间，而部分工人还出现了尿砷的情况。公司内生产技术部调度室的负责人也证言说他曾受生产部部长金大东的指示，组织人员向厂外排水，这些污水流了多小时，并伴有刺鼻气味。此外，企业为了降低生产成本，私自修建洗矿池，采用低成本，较高污染的硫化锌精矿制酸。而该公司的总经理对企业的生产工艺一点也不了解。这次阳宗海砷污染直接危及两万人的饮水安全，而且当地以渔业和农业为生的村民的经济来源面临危机。严重危害周边生态环境，预期造成损失 1.02 亿元，另外后续污染治理还需要花费更多的人力物力。

2. 广西龙江镉污染事件

广西宜州市龙江是喀斯特地貌明显的石床河，全长约310千米，年均径流量约3亿立方米，是柳江的主要支流，水力资源丰富且已经建成了多座梯级水电站。龙江因为壮族“歌仙”刘三姐家居住于此而闻名于世，又兼三元及第的冯京家乡在此而出名。但在2012年，该河流发生了镉污染重大突发环境事件。此次污染事件镉泄漏量高达20吨左右，在国内历次重金属环境污染事件中都是罕见的。波及河段达到约300千米，是我国近十年来最严重的环境污染事件之一。据悉，2012年1月，有渔民发现往常清澈的水体变得黑黄甚至略带浑浊，鱼箱内的几十条小鱼苗死亡，渔民们开始以为并无大碍。但一周后，拉浪水电站网箱里的鱼开始成批死亡，而且并不是因为水体缺氧导致的。经检测，此时拉浪码头前200米水体中重金属镉含量超过Ⅲ类标准约80倍。19日，龙江河宜州段洛东水电站坝首处镉浓度超标3倍。22日，柳州市区上游约60千米的龙江糯米滩水电站河段水质镉浓度开始超标。4天后，龙江镉污染水体进入柳江流域。上午10:00，龙江与融江汇合处下游3千米处镉浓度首次突破0.0050毫克/升的限值。下午14:00该处镉含量为0.0103毫克/升，超过国家标准1.06倍。直至下午15:00，该处镉浓度高达0.0107毫克/升，超过国家标准1.14倍。

经调查发现，河池市金城江区鸿泉立德粉材料厂(以下简称“鸿泉厂”)和广西金河矿业股份有限公司冶化厂(以下简称“金河冶化厂”)这两家企业与龙江河污染事件有直接关系。其中，鸿泉厂涉嫌非法生产与经营，该厂擅自修改生产工艺，掩饰生产原料。不仅没有修建污染防治设施，还将大量含高浓度重金属污染物的废水通过溶洞非法排放，造成龙江河镉污染事故。而金河冶化厂中的渣场未按国家有关标准和要求进行建设，渣场防渗、防漏、防雨、防洪措施不完善，渗滤液对周边地下水、土壤带来严重污染。而且该厂通过岩溶落水洞将镉浓度超标的废水排放入龙江河，造成水体污染。此次镉污染事件不仅严重破坏了水体环境，而且威胁到了部分居民的生活饮用水，甚至引起市民出现恐慌性屯水、购水，超市内瓶装水被市民抢购等不良社会事件。

此类案例涉及的利益相关者包括受害群体、企业、企业员工(企业工程师)等。企业希望以最小的成本获得最大利益，工程师希望能更好地发挥自己的职业技能，追求个人社会名誉和物质利益。但工程师的收入总是与企业的生产效益挂钩。上述案例中，企业为追求项目建设速度和收益，没有考虑环境成本，违犯了伦理责任甚至是法律。而其中的企业工程师更是没有履行职责，反而成为其中的工具。那么，作为企业的工程师该如何做呢？①具有充足的知识储备。不管是环评师还是企业工程师，都需要丰富的专业知识以及

自然科学知识，社会科学知识等基础知识，才能做出更全面的环境影响报告，建造更安全的工程。现在新媒体发展迅速，能够更便利地通过各种相关网站或公众号了解我国的相关法律政策和环境事件，比如，中华人民共和国生态环境部、广东省环保厅等官网；固废观察、中国环境新闻、环境保护、蔚蓝地图、微言环保等公众号。②具备获取知识的能力、理解分析能力、应用实践能力、综合协调能力、表达沟通能力。具备事业心、创新精神、集体主义精神。③要培养自身的伦理意识，遵循环境工程师的基本伦理准则、职业精神与科学态度，协调好个人、集体和国家利益，努力成为职业道德的典范。④肩负相应的社会责任，即在保护环境的同时不阻碍或促进经济的健康发展，以及保护其他社会利益。⑤明确环境伦理责任。工程师相比于其他职业与环境有更为密切的关系，工程师尤其是环境工程师应具有环保意识；充分重视环境问题，努力做到人与自然和谐相处。⑥在自己职责范围和本人能力范围内积极开展专业活动，同专业组织一起加强专业的公众意识和合作抵制不道德行为，用于揭发举报违法行为。依法保护知识产权，提供客观、公正、准确的信息，维护顾客和雇主利益及专业隐私。

第十章　农业可持续发展

第一节　农业发展历程和现状

一、农业发展历程及特征

农业是指利用动植物的生长发育规律，通过人工培育来获得产品的第一产业。广义上的农业包括种植业、林业、畜牧业、渔业、副业五种产业形式；而狭义上主要是指种植业，包括生产粮食作物、经济作物、饲料作物和绿肥等农作物的生产活动。我国农业的历史起源可追溯至上万年以前，发展至今大致可分为三个历程，即原始农业、传统农业和现代农业。

1. 原始农业

原始农业包括旧石器时代的采集、狩猎经济、迁移农业、游耕等，主要依靠原始生态，生产工具简单落后，以石器为主要工具，如石刀、石铲、石锄和棍棒等。而且以原始粗放的“刀耕火种”为耕作方式，人们从事简单协作的集体劳动。通俗地讲，原始农业就是“看天吃饭”。原始农业的出现使人们有了较为可靠稳定的衣食来源，不再完全依赖于自然野生动植物。人们从适应自然，依赖自然逐渐变为主动改造自然。此外，人们开始有了定居生活，这也保证了一个地区经济和文化的稳定性与延续性。为城市的出现，人类社会的演进奠定基础。因此，农业的出现是文明的基础，具有划时代的意义。

2. 传统农业

我国传统农业的历程较长，处于奴隶社会和封建社会时期。传统农业时期的生产工具和耕作方式已经得到了较大的提升，铁犁、铁锄、铁耙、耧车、风车、水车、石磨等金属农具和木制农具得到了广泛使用。而且畜力也被投入到生产中，大大提高了生产动力。此外，传统农业时期逐步发展了一套农业技术，注重精耕细作，实行轮作制，兴修水利，积肥施肥。这个时期人们

“战天斗地”。虽然传统农业比原始农业的生产力有了较大的提升，但是传统农业的生产规模较小。以人畜为主要生产动力的生产技术和经营管理方式较为落后，因此生产率较低下，有时难以满足日益增长的人口的需求、进步缓慢。我国部分传统农业还有着低能耗、低污染的特征，因此应当“取其精华，去其糟粕”，在发展现代农业的同时传承传统农业的特点。

3. 现代农业

世界农业的发展历程在现代农业发展之前，还经历了较为短暂的近代农业阶段，大概从19世纪中叶到第二次世界大战。这个时期产生的条件是农业的资本主义，以英国的圈地运动为典型代表。近代农业开始了投入机器化生产，大大提高了劳动和土地生产率，逐步形成了科学的农业生产管理技术和体系。但这个时期化学农药的大量使用也严重污染了生态环境，不利于可持续发展。

在第二次世界大战之后，“人定胜天”的现代农业形成，它基于现代工业和现代科学技术，极大地提高了农业的综合生产率，是不同于农业产业化和农业工业化的智慧农业。现代农业促进了农业的绿色、健康、有机、可循环可持续发展，实现田园综合体和新型城镇化以及“三农”现代化的统一。目前，现代农业的基本类型包括绿色农业、物理农业、休闲农业、工厂化农业、特色农业、观光农业、订单农业、层状农业等。虽然现代农业朝着多元方向发展，但始终遵循专业化、一体化以及社会化的基本方向。实现传统农业向现代农业转变，大力发展现代农业是我国解决“三农”问题的根本途径，是经济可持续发展、实现赶超战略的根本途径。

二、我国农业发展现状

1. 农业生态环境破坏严重

农业是人类的衣食之源，生存之本。而农业的发展与自然环境密不可分，自然环境是农业发展的基础。从古至今，政府高度重视农业的发展，维护农业生产稳定。农业生产技术逐步提高，生产力不断发展，并为国家工业化起步提供了重要物质条件。支持城市改革，为我国的经济建设做出了巨大的贡献。有一组让我们引以为豪的数据，“中国用世界10%的耕地和6%左右的淡水资源，生产了全球1/4的粮食，养活了世界1/5的人口。”但与此同时，农业生态环境也遭受到了不同程度的破坏，主要原因包括两方面：一方面是频率高、强度大的洪涝、干旱、火灾和地震等自然灾害造成的严重损失；另一方面是人为破坏，包括过度砍伐开荒、围湖造田、大量使用化学农药和化肥等，造成水土流失、草地退化、环境污染、生物资源减少、质量下降等一系列的环境问题，生态环境状况令人担忧。早在1962年，美国海洋生物学家R·卡逊的寓言小说《寂静的春天》也描述了因过度使用化学药品和肥料而导致环境污染、生态破坏，最终给人类带来巨大的灾难。因此，处理好农业发展和自然环境的关系尤为重要。

2. 农业可持续发展初见成效

我国政府一直以来都高度重视农业的可持续发展，采取了一系列的措施，制定了一系列方针政策，并积极开展国家交流与合作。例如，在1993年，通过了《中华人民共和国农业法》《中华人民共和国土地管理法》《中华人民共和国野生植物保护条例》《中华人民共和国无公害农产品管理办法》等；1994年通过的《中国21世纪议程》中明确指出农业与农村可持续发展的重要性；1996年，中国环境与发展国际合作委员会(CCICED)就如何应对中国农业可持续发展而提出三项建议；此外，我国还推行了三大环境政策、“三同时制度”、国家环境监测网等管理制度。党的十八大以来，国家坚持重视农业发展，在耕地保护、水资源管理等方面出台了一系列重大决策部署，我国农业农村经济平稳发展，农业绿色发展正在不断进行，农业生态系统正在不断修复。

3. 农业发展问题复杂多样

但是，我国农业绿色发展仍存在不少问题。首先，在思想方面，重农崇农的思想淡化，诚信问题突出。绿色消费观念滞后，餐桌上的低碳难以推行，造成农产品大量浪费。其次，在产业体系方面，虽然国家和地方都制定了很多相关的方针政策。但产业的规划仍然缺乏指导，漠视农情，牺牲农业效益以支持农村服务业，农业与第三产业不能协同发展。还有，农业劳动力持续减少，农村里老龄化严重，青壮年不愿留在农村里发展农业，而农业发展的精英人才严重缺乏。而且，农业绿色发展缺乏科研技术，缺乏对传统农耕科学的深究与传承。此外，品牌意识淡薄，虽然政府主推绿色食品，有机农产品、无公害农产品等优质农产品公共品牌。但市场不规范、认证公信力不高，消费者信任度低等一系列的问题导致这类公共品牌并没有得到很好的发展。总的来说，农业是我国的第一产业，农业的可持续发展尤为重要，并且需要全社会共同努力。

三、机械农业

相关资料显示，2002年至2012年，我国农业机械总动力由57 929.85万千瓦增加至102 558.96万千瓦，粮食产量增加13 252万吨，总产值增加了35 840亿元。显然，农业机械化极大地提升了农业生产力，为我国农业发展创造了巨大的经济效益。首先，农业的机械化生产极大地提高了劳作效率，

突破了传统人力、畜力难以达到的作业强度和生产规模。同时解放了大部分的劳动力，有助于劳动力的合理分配。再者，机械化的生产降低了农业生产的劳动成本以及生产成本。据统计，采用机械化设备及生产技术，农业产量能够增加20%；采用机械化施肥可以节省30%化肥；此外，采用机械化喷洒农药，可节省30%的农药量。显然，这将有利于提高农民的收入，改善农民的生活水平，推动农业经济的发展。但是，目前机械农业的发展仍然存在很多不足。

①大、小型农业机械使装备用不平衡，国内众多农机企业以中小型占据绝对比重，整体水平严重参差不齐。

②农业机械化未全面普及，全国耕种收割综合机械化水平只有36.5%，而且粮食作物与经济作物和特色农业、城市郊区与偏远乡村的机械化水平差异较大。

③技术创新不足，科技创新是第一生产力，但目前我国农业机械设备普遍存在科技创新水平低下的状况。

④机械化生产技术普及度低，农村地区的农民文化水平较低，缺乏相应的技术知识。也难以掌握新机械装备的使用，导致农业机械化生产受阻。总的来说，机械农业是实现我国农业现代化发展的重要组成部分，因此必须建立健全机械农业的保障体系。大力普及机械农业的相关技术知识，加大资金及技术投入，推动农业机械化发展。

四、互联网+农业

在现今的网络信息时代，互联网已经延伸到了我们的生产和生活的各方面，农业生产也不例外。2016年中央一号文(《关于落实发展新理念加快农业现代化实现全面小康目标的若干意见》)指出，“大力推进‘互联网+’现代农业，应用物联网、云计算、大数据、移动互联等现代信息技术，推动农业全产业链改造升级。”互联网对于推动农业生产的进步具有巨大优势，是发展现代化农业的必由之路。首先，互联网的科学性、精准性、实时性和智能化为农民提供更加科学严谨的生产、经营和管理体系，还可以优化资源配置、支撑智能农业的发展。其次，互联网的开放性和传播性，大大提升了农村信息服务，加速农产品的销售，提高农业竞争力。另外，由于互联网使信息更加公开透明，更有利于消费者监督市场不规范行为。同时迫使农企更加注重产品质量，打造更优质、更具竞争力的公共品牌。再者，互联网+农业推动了农村电子商务的发展。据《中国电子商务报告2019》显示，2019年，全国电子商务交易额高达34.81万亿元，网上零售额为10.63万亿元。其中农村网络零售额达 1.7 万亿元，农产品网络零售额为 3975 亿元。该报告还提到，2019 年，全国 832 个国家级贫困县实现电子商务进农村，全年对接帮扶和销售农产品超过 28 亿元。显然，农村电商的发展能有效地解决农产品因市场供求信息不对称，销售渠道不完善而导致滞销的问题。与此同时，农民收入能得到更好地提高，生活质量得到改善，更好地促进城乡协调发展。但是，互联网技术在投入农业生产过程中也有很多障碍。例如，农村信息基础设施不完备、缺乏相关专业人员指导、仓储物流运输距离长、成本高、农产品的市场追溯体制不完善等。因此必须加快制定和采取更加有效的发展措施，把握好农业的重大发展机遇。

第二节　农业可持续发展模式

中国，自古以农立国，始终把农业放在发展放在首位。随着低碳、绿色、可持续发展等概念深入人心，农业当然也会紧跟这个发展潮流。其实，中国农业可持续发展的理念与生态文明和绿色文明一样，早在古代就有相关思想的萌芽。例如，孔子的“钓而不纲，弋不射宿”，孟子提出的“尽心知天”“鱼鳖不可胜食也；斧斤以时入山林，材木不可胜用也”，荀子提出的“斩伐养木不失其时，故山林不童而百姓有余材也”“春三月，山林不登斧斤，以成草木之长；夏三月，川泽不入网罟，以成鱼鳖之长”。这些语录都体现了反对资源过度开发利用，强调物种保护，可持续利用的思想。

目前，可持续发展农业的发展模式以包括绿色农业、生态农业及其他发展模式(循环农业、低碳农业、有机农业、垂直农业等)。下面就这几种农业发展模式的概念和内涵作进一步介绍。

一、绿色农业

我国关于“绿色农业”理念最初是 2003 年 10 月，由刘连馥在联合国亚太经社理事会主持召开的“亚太地区绿色食品与有机农业市场通道建设国际研讨会”上提出的。目前，对于绿色农业的解释与定义很多，虽然每一种概念都有所不同，但都围绕着生态环境、可持续发展、循环经济等角度展开。绿色农业不是传统农业的回归，也有别于生态农业、有机农业等其他类型的农业，它既注重生态平衡，也强调经济生态并重。因此，绿色农业本质上是一种以生态经济协调发展为核心，绿色技术进步为基础，内涵丰富的可持续新型农业发展模式或体系。

1. 绿色农业的特征

绿色农业作为农业发展的一种模式，必然具有农业的基础性、弱质性、复合系统性、功能多样性、区域性等一般产业特征。与此同时，绿色农业还具有特殊的典型特征。首先是持续性(生态持续性、技术持续性、经济持续性和社会持续性)。绿色农业充分利用现代科学技术，以生物防治，农家肥、绿肥等有机肥为主，以绿色消费为导向。注重农业与林、渔、牧、加工业等相互协调，注重农业与环境的协调发展。强调资源的合理与永续利用，倡导人与自然和谐发展。其次是集约性(开放性)。绿色农业充分发挥劳动、资本和技术资源，促进农业产业发展，提高农业生产品质。再次是高效性。即建立市场准入制度，发展农产品加工业和农产品国际贸易等，既追求农产品的优质、高产、生态和安全，还提高农业的综合经济效益。最后是标准化。主要强调绿色农产品的标准化，严格把控农产品的生产过程和市场销售。实现“优质优价”，提升公共品牌的竞争力。因为绿色农产品具有产品质量特征、信息质量特征、品牌优势、生产和消费的正外部性以及市场需求和供给弹性特征，是绿色农业的重要产物。

2. 绿色农业的相关概念

(1)绿色农产品

绿色农产品是指遵循可持续发展原则，按照特定生产方式生产，经专门机构认定，许可使用绿色食品标志，无污染的安全、优质、营养农产品。绿色农产品分为 A 级和 AA 级，A 级为初级标准，即允许在生长过程中限时、限量、限品种使用安全性较高的化肥和农药。而 AA 级为高级绿色农产品。通常，绿色食品与无公害农产品、有机食品统称为“三品”，这三者之间既有相似之处也各有区别。就农作物生产加工过程而言，常规食品化肥农药的使用往往是没有过多限制；无公害食品会大大减少农药的使用，并控制在国家规定的允许范围内；绿色食品是在无污染的生态环境中种植并且全过程标准化生产加工，而且 AA 级绿色农产品基本符合有机食品的要求；有机食品的生产加工最为严格，严禁使用任何化肥农药、生长调节剂、转基因等，是出口贸易的重要产品(图 10-1)。

图 10-1　“三品”认证标志

(2)绿色消费

根据“绿色”的象征，绿色消费是一种可持续性消费，它消费无污染、有利于健康的产品。消费行为符合低碳、环保，是低碳生活中的一个良好消费习惯。

(3)绿色经济

绿色经济是以市场为导向、以传统产业经济为基础、以经济与环境的和谐为目的而发展起来的一种新的经济形式，是产业经济为适应人类环保与健康需要而产生并表现出来的一种发展状态，是一种可持续发展的经济。

二、生态农业

“生态农业”一词最早是在1970年由美国密苏里大学教授威廉·艾奥伯瑞奇提出，而它的实践最早是鲁道夫·斯蒂纳主讲的“生物动力农业”课程演变而来的。其实，正如绿色和可持续发展思想一样，中国自古就有关于“生态”的思想和意识。例如，《诗经》中“桑之未落，其叶沃若”的“农蚕并举”现象；《齐民要术》中贾思勰所倡导的人与自然和谐相处的农耕思想；明清时代，人们保护生态环境，加强农、林、牧、渔一体化管理行为。我国的生态农业是以著名生态学家马世骏提出的“社会—经济—自然复合生态系统”为理论依据，生态学为基础，衡量农业发展史与工业化农业的利弊后，结合中国农业发展特色而提出的。生态农业不仅能获得较高的经济效益和社会效益，还能获得生态环境效益，是现代化高效农业发展的主流趋势，也是我国农业可持续发展的重要途径。此外，生态农业也充分体现了生态文明思想的重要内涵。生态农业与绿色农业均是实现农业可持续发展的重要道路，两者既有区别，又相互交融(表10-1)。

表10-1　生态农业与绿色农业的对比

内容	绿色农业	生态农业
本质	一种农业生产经营方式	一种系统工程体系
强调对象	农业生产的各个环节，包括加工、运输、储存和销售等活动	农业生产内部各个环节的内在联系，食物链和资源重复利用
地域空间	较大地域空间	较小地域空间或小的生态系统
原则和目的	生态与效益相结合，转变农业增长方式，形成大生态农业格局	节约资源、减少浪费、变废为宝、增加收入
方式	基于环境保护、规模经营、科技应用、农工贸一体化等	结合我国传统农业中有效的生产方式和技术

1. 生态农业的模式与技术

至今，生态农业受到国内外学者的广泛研究，并且有多种多样的发展模式。并且根据研究的地区和对象不同，所提出的模式既不相同，又有相同之处。骆世明等将生态农业模式分成三大类：第一是根据生态学的生物组织层次分，生态农业的发展模式可分为景观模式、循环模式、立体模式、食物链模式和品种搭配模式；第二是根据产业结构分，生态农业模式包括一元产业、二元产业和多元产业(农业可分为种植业、林业、牧业、渔业等产业，一元产业是指单一的产业内组合，二元产业是指两种产业的组合，而三元产业是指由三种或三种以上的产业组合)；第三是针对生态环境逆境(水土流失、风沙、干旱、盐碱化等)而发展的生态农业模式。具体来说，我们常见的作物轮作、鱼鳗混养、稻鱼共作、桑基鱼塘、胶—茶—鸡、林—果—草—鱼、猪—沼—果等模式。生态农业还运用了现代科学技术与现代管理手段，主要包括节水和节能技术、废弃物处理利用技术、营养供给技术、病虫害控制技术等等。当然也有将几种技术综合利用，例如，辽宁省海城市提出一种新的生态控肥节水技术，利用粉状斜发沸石在插秧前表层撒施或和基肥混施。不仅有助于节水，还能减少化肥使用，达到生态效益。此外，生物技术在近年来也得到了广泛的应用，它有助于改良当前的农业领域现状，有效提升农作物的产量；加强农作物的抗病性能、抗虫性能、抗金属性能等，是促进生态农业发展的重要手段。

2. 生态农业中废弃物的处理与再利用

农业废弃物是由农业生产、农产品加工、畜禽养殖业和农村居民生活排放的，它主要包括：①农田和果园残留物，如秸秆、落叶、果实外壳、树枝等；②牲畜和家禽粪便以及栏圈铺垫物等；③农产品加工废弃物；④人粪尿以及生活废弃物。农业废弃物成分复杂，二次开发成本高、难度大，而且我国农业废物的年产量非常大。但是，经过适当处理后的农业废弃物是非常宝贵的资源，对农业废弃物进行处理与再利用是建设生态农业的重要途径。

以畜禽粪便为例。据统计，一个年产万头生猪的大规模集约化养猪场每天排放的粪污可达到 100~150 吨，BOD_5 高达 4000~6000 毫克/升。2017 年，全国畜禽粪污总量达了 39. 8 亿吨。废弃物往往被称为“放错地点的资源”，经过适当处理后的畜禽粪便其实就是非常好的有机肥、饲料和燃料。但是目前我国畜禽养殖产业废弃物的综合利用率不足 60%，每年至少有约 16 亿吨的畜禽养殖废弃物无法得到妥善处理。肥料化是主要应用堆肥化处理(建设蓄粪池)和生物发酵(将畜禽废弃物转换成有机肥或有机—无机复合肥)等技术，是充分利用农业废物资源化利用最有效的途径。畜禽粪便的资源化技术可划分为饲料化、肥料化、能源化，其中肥料化和能源化是最为主要的技术。鸡粪中的非蛋白氮含量丰富，占干重总氮的47%~64%。常被饲料化处理后投喂给猪、牛、羊和鱼，主要利用青贮、添加化学物质、干燥(机械干燥法和日光机械光照法)、发酵等方法。能源化是指畜禽粪便发酵产生沼气，转化为清洁能源，而且沼液可用于肥田，沼渣可作为鱼类饲料。据统计，2010年，我国畜禽养殖产业废弃物排放量可产生沼气1072.75亿立方米，若全部利用，可减少当年我国天然气消费量的60%。

以秸秆为例。秸秆也是我国农业生产中废弃物大户，我国农作物秸秆产生总量在2015年就达到了10.4亿吨。以往对于秸秆的处理大多以直接露天焚烧为主，造成了严重的环境问题。目前，全国已实行“全境焚烧”管理和“重点区域焚烧”管理。其实，与畜禽粪便一样，秸秆是宝贵的生物质资源，在10.4亿吨的秸秆中有9亿吨可收集资源。农作物秸秆的利用主要包括：肥料化利用、饲料化利用、能源化利用和基料化利用。传统的秸秆堆沤还田就是肥料化利用的一种方式，但存在工序多、易污染环境和发生病虫害等缺点。现在秸秆大多与禽畜粪便混合发酵制作成生物有机肥。研究表明，每7.6千克鲜玉米秸秆所含的营养成分相当于1千克玉米粒。因此，秸秆还是营养丰富的饲料，它的饲料化利用一般包括青贮、黄贮、膨化等多种方式。能源化利用技术包括秸秆燃气利用技术和秸秆固体成型燃料技术。据统计，秸秆按发热量14.6兆焦/千克计，标准煤的发热量29.3兆焦/千克。秸秆能源化利用1.2亿吨，可替代煤炭等化石能源5982.4万吨标准煤，碳排放量可减少1.5亿吨、二氧化硫、氮氧化物和烟尘分别减少448.7万吨、224.3万吨和4 068万吨。而基料化利用主要是指利用秸秆制作食用菌的培养基，具有较高的经济效益。

三、其他发展模式

1. 循环农业

循环农业是指将循环经济理念与农业生产相结合，遵循减量化、再利用、再循环的“3R”原则，运用物质循环再生原理和物质多层次利用技术，实现较少废弃物的生产和提高资源利用效率。同时实现减排和增收的现代化可持续发展农业模式，它一般与生态农业相结合为生态循环农业。循环农业利用封闭循环、开放循环等方式形成的相互依存、协同作用(图10-2)。例如，我国目前比

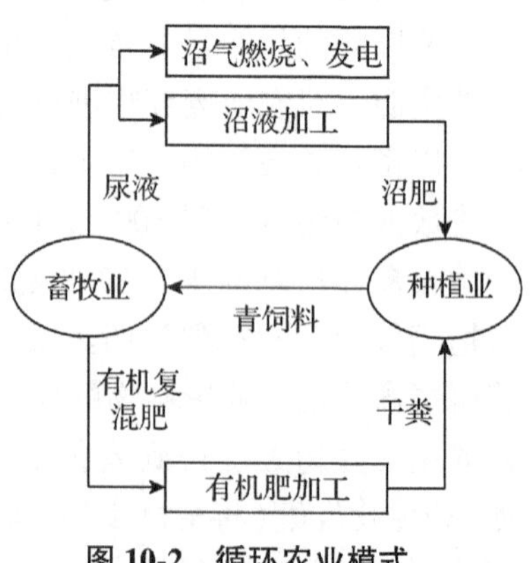

图10-2　循环农业模式

较典型的循环农业模式包括：牛—沼—牧、鹅—草—鱼、菇—蚯—鱼、生态产业园等。其中，生态产业园将生态农业、循环农业、旅游业和文化产业相互融合，如当下受到大众喜爱的民宿、农庄、乡村游、休闲农业游等。

2. 低碳农业

2007年，联合国政府间气候变化专业委员会第四次评估报告曾指出，农业是温室气体的第二大来源，农业源温室气体排放占全球人为排放的13.5%。目前，对于低碳农业概念的界定也有很多，它们之间存在相似性，也存在一定的差异。总的来说，低碳农业就是以低碳理念为指导，强调“低能耗、低排放、低污染”，通过低碳技术、合理的规划与政策，不同于传统农业(高碳农业)的可持续农业发展模式。低碳农业是低碳经济的重要组成部分，对于低碳经济的发展具有巨大的推动力。化肥、农药、农膜等石化产品的广泛应用，消耗量大量的水和电力等资源，还排放有害物质，造成严重后果以及资源浪费。据调查，我国化肥有效利用率只有30%~40%，每年有超过1000万吨的氮素流失到农田之外，直接经济损失约300亿元。而低碳农业强调低能耗和低排放，有利于现代化、生态农业的发展。此外，低碳农业有利于实现农业经济可持续发展，还有利于促进社会经济发展。

3. 有机农业

有机农业一般是指遵照一定的有机农业生产标准，在生产中不采用基因工程获得的生物及其产物，不使用化学合成的农药、化肥、生长调节剂、饲料添加剂等物质；遵循自然规律和生态学原理，协调种植业和养殖业的平衡，采用一系列可持续发展的农业技术以维持持续稳定的农业生产体系的一种农业生产方式。从长远发展看，有机农业属于绿色农业中的一部分，是绿色农业的高级阶段。例如，丹麦是典型的高质量农业国家，其有机农业已成为全球有机界高影响力的国家之一。

我国有机农业近年来得到了比较好的发展，截至2017年，全国按照有机产品标准进行生产的有机植物生产面积达到438.3万公顷，占全国耕地面积的3.2%。但我国有机农业仍处于初级阶段，在生产和市场方面仍存在很多问题，如缺乏先进的生产技术、质量认证和监管体系不完善、有机市场过于单一、有机产品种类(主要还是以植物类产品为主)较少等。因此，我国有机农业还有很大的发展空间，需要我们继续不断努力，这是我国农业可持续发展的必由之路(表10-2)。

表 10-2　有机农业与传统农业的对比

内容	传统农业	有机农业
自然观	笼统地提出天人合一	既尊重自然，又实现农业多样性与可持续发展
技术观	顺应自然，农业技术以循环为核心	农业技术以再生、可循环为核心
价值观	有明显的“附魅”思想	“返魅”，科学理性

4. **垂直农业**

“垂直农业”这一概念最早是由美国哥伦比亚大学教授提出。它的发展特点与高楼发展相似，以城市垂直空间为基础，利用垂直绿化技术进行农业生产。资源化处理城市有机废水、废物，提高资源的利用率，解决资源与空间的充分利用。垂直农业具有以下优点：①提高土地的利用率，有利于城市空间的使用；②农作物的生长环境受人为控制，免除天气、干旱和自然灾害的影响；③最大程度使用风力、太阳能等自然能源；④以垂直农业建立的垂直农场可以单独作为特色游园，也可以与公共建筑、居民社区相结合，还可以与城市公园相结合，以更好满足人们需求；⑤垂直农场修建在市区内，可以大大缩短食物到餐桌的距离。例如，新加坡就是垂直农场经营并与都市景观相结合的典型成功案例，新加坡的第一家垂直农场 Sky Greens。这家公司通过一种垂直种植技术实现在热带地区垂直种植蔬菜的低碳水力驱动垂直农业系统，可以提供高产量、低用水、自给电能和自然资源。顾客可以到这家公司的垂直农场观赏、学习、聚会和购物，所有的技术和生产流程都是公开、透明的。Sky Greens 公司不仅提升了城市空间利用率，还获得了农业利益、经济效益和社会信誉。还有荷兰的“植物实验室”公司，采用垂直农业模式，栽培了如草莓、豆角等作物，可以缩减 90%左右的水资源。

随着城市化进程的不断推进，我国粮食需求会不断增大，土地资源越来越紧张，城市环境气候问题与资源能源浪费等问题日益严峻。垂直农场适合于我国现今的经济发展状况以及环境现状，为我国解决这些问题提供了新的思路。有助于我国农业城市景观的发展，也是农业可持续发展的重要方向。

第三节　农业可持续发展案例

一、桑基鱼塘

桑基鱼塘是种桑养蚕和池塘养鱼相结合的一种生产经营模式。在池埂上

或池塘附近种植桑树，以桑叶养蚕，以蚕沙、蚕蛹等作为鱼的饵料，以塘泥作为桑树肥料。形成池埂种桑，桑叶养蚕，蚕蛹喂鱼，塘泥肥桑的生产结构或生产链条，二者互相利用，互相促进，达到鱼蚕兼取的效果，即“桑茂—蚕壮—鱼大—泥肥”的良性循环生产模式。桑基鱼塘和其他农业生产方式相比，具有如下优点：①经济效益高。通过发挥生态系统中物质、能量循环转化和生物之间的共生、相养规律，达到了集约经营的效果，符合以最小的投入获得最大产出的经济效益原则。②生态效益好。桑基鱼塘内部食物链中各个营养级的生物量比例适量，物质和能量的输入和输出相平衡。并促进动植物资源的循环利用，生态维持平衡。20 世纪 80 年代，联合国粮食及农业组织(简称粮农组织，FAO)把珠江三角洲的桑基鱼塘纳入“最佳生态系统”。在 1992 年，桑基鱼塘就被联合国教科文组织称为“世间罕有美景、良性循环典范”。

桑基鱼塘曾是珠江三角洲盛行四百多年的最具特色的农业生产模式，其兴起于 17 世纪明末清初，在 20 世纪初达到鼎盛。事实上，珠江三角洲的蚕桑和塘鱼均有悠久的历史，可分别追溯至西汉和唐代，两者在明代中期才开始结合发展。珠江三角洲地狭人稠、水网纵横、地势低洼、水灾频发，而桑基鱼塘巧妙地利用了珠江三角洲的地理特征，兼顾了水利建设和经济发展，促进了当时珠江三角洲社会的繁荣发展。更重要的是，桑基鱼塘带动了缫丝工艺的发展。如我国非物质文化遗产香云纱的制作，推动了丝绸之路的发展，成为中外经济文化交流合作的重要枢纽。然而，在 20 世纪 80 年代末 90 年代初，由于工业化和城镇化的迅速发展，土地和劳动力大规模重新分配和转移，再加上废气、废水、农药等污染严重，导致桑蚕收益锐减。而且部分经营者追求短期高效的经济效益，生态保护意识薄弱，桑基鱼塘逐渐衰落。据相关资料显示，顺德曾是珠江三角洲桑基鱼塘的核心区，在盛行时期，地图上的顺德几乎全部为绿色桑基所覆盖。但在 1978 年至 1988 年期间，顺德区的农业用地就从 454. 53 平方千米减少到 355. 06 平方千米。蔗糖面积仅剩 3. 06 平方千米，桑基面积甚至从 48. 93 平方千米锐减至完全消失。2005 年，顺德曾经规模最大的缫丝厂也最终走向没落。

值得庆幸的是，近年来人们日益重视传承和保护农业文化遗产和文化景观遗产，利用现代技术对桑基鱼塘不断开拓创新。同时发展为别具一格的文化旅游景观，使其更符合现代社会文化经济发展的需求。以南海西樵为例，通过重整西樵山的鱼塘，打造了渔耕粤韵文化旅游示范园区，重现了千年前岭南桑基鱼塘文化盛况。该示范园区以西樵山南麓桑基鱼塘湿地片区为主体，恢复了桑基鱼塘的生态农业循环模式。充分利用其独特的生态景观并结合其他岭南特色植物，打造了符合岭南水文特征和环境的生态农业旅游，具有深厚而丰富的岭南农耕文化内涵。如今，渔耕粤韵观景台让人忍不住驻足欣赏，园区每年都能吸引了众多游客前来。他们能够在此远离城市的喧嚣，赏景游玩，体验农家乐趣，回归自然。

综上，桑基鱼塘承载了我国优秀的传统农耕文化，是我国重要的农业文化遗产，而且桑基鱼塘与丝绸之路有着千丝万缕的关系。因此，保护和复兴桑基鱼塘，不仅有利于传承和发扬农耕文化，为生态文明建设提供优秀范例。同时，还能够与21世纪海上丝绸之路的建设相互推进。

二、稻鱼鸭共生

稻鱼鸭共生系统是中国南方一种长期发展的农业生态系统，其主要特征是在水稻田中养鱼养鸭。田鱼田鸭日常在田里畅游，更可以为水稻提供天然肥料、翻松泥土以及增加水中的氧气含量，而水稻引来的各种昆虫又为田鱼、田鸭提供食物。这可以是一个生生不息自我完善的食物链模式。根据调查显示，养鱼、养鸭一年后土壤中的氮、磷、钾含量可分别提高57.7%、78.9%及34.8%，土地的营养大大提升，更有助稻谷增加产量约5%~15%。稻鱼鸭共生的农作方式在我国具有更为悠长的历史，可追溯至两千多年前的汉朝。例如，稻鱼鸭共生系统是贵州省从江县的典型农作方式，当然也有的地区只选取了其中一部分，如浙江省青田县则以稻鱼共生为代表。同样地，这种循环生态的农作方式已被列入联合国粮农组织的全球重要农业文化遗产和中国国家级重要文化遗产。

贵州从江侗乡稻鱼鸭系统历史悠久，至今已有1400多年。该地区地势多变、沟谷密集、土壤肥沃，非常适合动植物的生长。而且从江常年雨水充沛、热量充足，为水稻的种植以及稻田内养鱼养鸭提供了优越的气温气候。从江县粮食作物播种面积中，水稻所占的比例最大，以禾糯为典型代表。禾糯是当地经千百年来栽选培育的特色糯种水稻，是国家地理标志保护产品。而且通过稻鱼鸭类似的农作方式种植得到的“稻鸭米”是无化肥农药污染的生态有机大米，相比于普通大米，香味更浓郁、营养更丰富。由于该地独特的自然环境，禽畜牧业也得到很好的生存和繁衍环境，从江的禽畜品种以“香型”著称。例如，网络上火爆的“从江小香猪”，这里的禽畜品种虽然普遍体型较小，但肉嫩鲜美，而且基因纯合、纯净无污染。另外，由于这里的水质清澈，因此鱼类品种繁多。其中鲤鱼，俗称“田鱼”，最容易饲养和繁殖，也是侗乡人稻田中最常养的鱼类。近年来，由于现代农业科技的快速发展、民族文化观念淡化、农村劳动力转移、气候环境变化(如降水量减少)、化肥农药造成土地污染等问题，稻鱼鸭共生这种传统的生态农作方式也受到了严重的冲击。

从侗族人嗜食糯食、侗不离酸、食不离鱼等饮食特性，为糯稻赋予神圣的象征意义等文化观念，以及祈求丰收的《芦笙舞》等雅俗共享的民族歌舞都可以看出，侗族人的衣食住行和思想文化与稻鱼鸭共生这种传统的农作方式密不可分。因此保护和发展稻鱼鸭生态系统对于传承侗族人的特色民风民俗、推进我国生态文明建设都具有重要意义。

三、北方“四位一体”模式

北方“四位一体”能源生态模式是指将沼气池、厕所、禽畜舍和日光温室优化组合在一起的生态农业模式。该模式以沼气为纽带，太阳能为动力，种植业和养殖业相结合。使之相互依存，优势互补，形成一个良性循环体系。

“四位一体”能源生态模式是以200~600平方米的日光温室为基本单元，在温室内部西侧、东侧或北侧建一个20平方米的禽畜舍和一个2平方米的厕所，禽畜舍下部设一个6~10立方米的沼气池。进料口设在禽畜舍和厕所下面，使粪便通过管道自动进入沼气池中，出口设在温室中，以便于沼气发酵后沼液、沼渣的利用。在该模式中，日光温室利用塑料薄膜的透光和阻散性能，并配套复合保温墙体结构，将太阳能转化为热能。同时保护和阻止热量和水分的散失，达到增温、保温的目的。人、畜禽粪便等有机废弃物为沼气池提供发酵原料，沼气池对有机废弃物进行厌氧发酵。从而消除病菌，控制了疫病，并且产生了清洁能源沼气。沼液、沼渣作为高效有机肥，可以替代化肥和部分农药，并可改良土壤。在日光温室内燃烧沼气，可以为日光温室增温并为农作物增施CO_2肥。目前，“四位一体”能源生态模式在我国北方农村地区已经得到了大范围的推广，取得了显著的经济、能源和生态效益。

1. 多业结合，集约经营

通过该模式单元之间的联合，把动物、植物、微生物结合起来，加强了物质循环利用。使得养殖业与种植业通过沼气纽带作用，紧密地联系在一起，形成一个完整的生产循环体系。这种循环体系达到高度利用有限的土地、劳力、时间、饲料、资金等，从而实现集约化经营。

2. 合理利用资源，增值资源

该模式实现了对土地、空间、能源、人畜粪便等农业生产资源最大限度地开发和利用，从而使得资源实现了增值。

3. 物质循环，相互转化，多级利用

该模式充分利用了太阳能，使太阳能转化为热能，又转化为生物能，达到合理利用。通过沼气发酵，以无公害、无污染的肥料施于蔬菜和农作物，使土地增加了有机质。粮食增产，秸秆转化为饲料，达到用能与节能并进。

4. 保护和改善自然环境与卫生条件

该模式通过沼气发酵，对粪便废弃物进行无害化处理，消灭了病菌，减少疾病。从而保护了环境，改善了农村卫生面貌。

5. 有利于提高农民素质

该模式是技术性很强的农业综合型生产方式，是改革传统农业生产模式，实现农业由单一粮食生产向综合多种经营方面转化的有效途径。推广北方“四位一体”生态模式，极大地增强了农民的科技意识，提高了农民的科技素质。

6. 有利于提升社会效益、经济效益、生态效益

该模式不受季节、气候限制，在新的生态环境中，生物获得了适于生长的气候条件。改变了北方地区一季多余，二季不足的局面，使冬季农闲变农忙；充分利用劳动力资源，生态模式是以自家庭院为基地，家庭妇女、闲散劳力，男女老少都可以从事生产；缩短养殖时间，延长农作物的生长期，提高了养殖业和种植业的经济效益。

四、田园综合体模式

20 世纪五六十年代，国外开始将田园综合体发展模式作为新型乡村建设的重要途径并取得了很好的成效，例如，日本的 Mokumoku 农场、美国的 Fresno 农业旅游区、意大利的生态教育农业园、韩国江原道旌善郡大酱村、德国施雷伯田园等。我国在 2017 年“田园综合体”作为乡村新型产业发展的亮点措施被写进中央一号文件。田园综合体是针对于乡村小镇，将现代农业与当地文化、休闲旅游、自然生态相融合的综合体可持续发展模式，如近年来十分流行的“农家乐”。目前，农村尤其是贫困地区普遍存在劳动力不足、田地荒废、产业单一、收益微薄等问题，而田园综合体的构建能有效解决这些问题。首先，田园综合体将农业生产与乡村旅游相结合，统筹科学管理乡村用地，利用现代农业技术提升农业发展水平。促进农副产品深加工等相关产业链的形成，既能提高农业收益又能发展旅游业，具有经济价值。

此外，乡村旅游建设能更好地将当地特色民风民俗展现给外地游客，包括小吃、习俗、建筑风格等，有利于传统文化的继承与传播，因此具有文化价值。还有，该发展模式需要充分利用乡村的绿水青山和田园风光，为游客打造更为舒适、安静而且具有大自然味道的环境。这将有助于乡村生态环境的保护，因此还具有生态价值。总的来说，田园综合体能有效促进城乡交流，创造城市人的乡村消费，带动乡村经济的发展。

在 2017 年我国出台相关政策后，这一种发展模式也在多地如火如荼地开展起来，有 18 个省率先试行，共有 26 个规划项目。我国实践的第一个田园

综合体项目是无锡田园东方，位于“中国水蜜桃之乡”阳山镇，是江苏省新型城镇化建设样板、文旅产业带动城乡融合发展项目标杆。田园东方主张以新田园主义指导城乡建设，综合农业、文旅和居住，构建“三生”(生产、生活、生态)和“三大产业”(农业、加工业、服务业)互动转型发展的格局。

该园区在农业板块围绕当地农业特色，包含了作物栽培生产示范区(尤其是水蜜桃的种植示范)、休闲观光区(即给游客提供的采摘体验)、农产品的加工及物流运输区、运用现代技术生产的现代农业展示区、农业废弃物再生等多个板块，充分利用当地的农业资源。而文旅板块建设了拾房清境文化市集，包含了自然体验区、生活体验区和文化展示区。利用“修旧如旧”的方式保留了原始乡村的样貌和味道，建设了多个特色餐厅、乐园、市集等，让游客能在此休闲放松的同时感受当地文化气息。最后居住板块更是充分利用阳山镇的自然生态资源和田园风光，为游客打造“向往的生活”。

此外，在周边建立桃文化博物馆，不仅能让外地游客了解阳山的文化经典，还能更好地传承博大精深的桃文化。据统计，2017 年，田园东方总接待人数达到 19 万余人次，入住率达到 53%~56%，年总收益为 3970 万元，GDP 率为 19. 7%。2018 年，园区客流量 20 余万人次，入住率为 61%，年总收益增长了 800 多万元，GDP 率提升了 13. 3%。即阳山镇拥有了活跃的消费力，田园东方已成为一个高收益的田园度假区项目。

“田园东方”项目很好地解决了农村地区的困境，使阳山农业资源得到提升发展的同时，深化和优化当地产业链。而且三个产业相互推动，构建了综合盈利模式，从而不断提升竞争力。总的来说，该项目遵循了生态文明理念，迎合了国家相关政策，成功带动城乡经济协调发展。

第十一章　生态林业

第一节　生态林业的内涵

生态林业是指遵循生态经济学和生态规律发展林业，是充分利用适当的自然资源和促进林业发展，并为人类生存和发展创造最佳状态环境的林业生产体系。它是多目标、多功能、多成分、多层次，也是组合合理、结构有序、开放循环、内外交流、协调发展、具有动态平衡功能的巨大森林生态经济系统。

林区则采取以封为主、封造结合，实行轮封、轮造、轮放办法，使眼前利益与长远利益结合。要建成立体林业，目的是提高森林综合生产能力，提高森林对调节生态环境的整体功能；充分发挥森林效应和互补作用，保护资源永续利用的动态平衡；提高系统各资源单位面积产量，缩短生产周期；形成商品生产能力，提高经济效益；发展加工工业，实现多次增值；协调同有关各业的互利关系，维护生态功能与经济效益的同步性。

林业生态文明建设将林业、生态、文明三者巧妙地结合一起。文明是人类创造的重要精神财富，而生态是指生物之间的关系以及生存状态，林业是生态环境中的重要一员，它包括了湿地、森林以及荒漠等系统的生存状态。林业生态文明建设是一种高水平的文明活动，顺应了人与自然和谐相处的发展理念，是生态文明建设中的一项重要工作。

第二节　生态林业的发展

一、我国林业的发展现状

2020 年发布的《生态林业蓝皮书：中国特色生态文明建设与林业发展报告

(2019—2020)》指出，我国的生态林业发展水平正在稳步提升，生态林业发展指数呈现高速稳定增长态势。从 2011 年的 31. 57 上升至 2017 年的 51. 63，增长了 64%，年均增长率为 8. 5%。从地区来看，长江、珠江流域生态林业发展指数较高，西北、东北地区发展指数为中等水平。内蒙古、黑龙江和云南等省份森林生态发展指数超过 0. 5，标志着这些地区森林资源丰富，森林面积占比、积蓄量、覆盖率较高，是我国森林资源的主要贮藏地。林业产出效率呈增长趋势，但相较于华南和东部地区，北部林区的林业产出不高，与丰富的森林资源形成反差。

发展林业是全面建成小康社会的重要内容，是生态文明建设的重要举措。林业的发展有待新一轮的产业升级，以科学规划为引导，加快生态产业的聚集和升级。同时推进生态林业的高质量发展，应加快实行包括国家森林公园在内的自然保护区分类管理责权，建立申报、审批、评估、巡视和汇报制度。根据我国森林生态的区域定位和自然保护重点，开展国家森林公园宏观指导，实现全国统筹规划。

目前我国生态环境形势十分严峻，需要借助有效改善实现跨越式发展。在短时间内加大我国林业建设力度，从而有效实现林业跨越式发展，有效改善我国生态环境样貌。通过归家负债形式能够获取更多财政资金，从而使得林业获取更多经济，并且能够在长时间内使用资金。

通过市场形式筹集资金。生态林可以为社会提供更多非物质产品，并且形成的服务形式也是丰富多样的，需要结合生态林经济效益做好市场交换工作，可以将其分为不同形式。一是做好货币交易工作，主要是森林景观生产、森林公园和保护区的构建，借助资金投入为人们提供一个可以休息的场所，以门票收费形式构建平等关系，真正满足人们对于森林系统的需求。二是非货币交易形式，如涵养水源、水土保持等形式，主要目的是有效改善农业和水利等条件，从而可以获取间接性经济效益，来满足我国生态系统发展。

二、生态林业与生态文明建设

目前，人们在实际工作和生活中，对于生活环境的重视程度越来越大，尤其是生态文明。而现代林业的快速发展与生态文明的建设，可以极大提高人们生活水平。为了更好实现生态文明建设，应该在重视环境保护的同时加强现代林业发展。达到美化环境，促进生态文明建设的目标，为人们提供更好的生活环境。

生态文明是物质文明与精神文明在自然与社会生态关系上的具体体现，是生态建设的原动力，是人与环境和谐共处、持续生存、稳定发展的文明，是对人与自然关系历史的总结和升华。前面提到，所谓农业生态文明，是指人类以一种对环境友好、资源节约的方式，促进农业可持续发展的各项成果的总称。建设农业生态文明就是遵循生态经济规律，将环境与生态目标融合到现代农业之中，使农业生产的自然生态系统和人类社会生态系统良性运行，实现农业生态、经济、社会的可持续发展。农业生态文明建设的核心内容是在提高人们的生态意识和文明素质的基础上，农业生产遵循自然生态环境系统和社会生态系统原理，运用高新科技，积极改善和优化人与自然的关系、人与社会的关系、人与人的关系。事实上，林业是农业建设的依托，是大力发展农业的前提。因为，森林被称为“天然氧气吧”，是生态系统的主体和支柱，保护好林业生态系统有利于涵养土壤，防风固沙。为农作物的种植提供更肥沃的基质，促进农业高效生产。

在国家“五位一体”整体布局中，生态环境建设起着基础性的作用。通过生态文明的建设不仅能够建设资源节约型的国家，同时促进人与自然的和谐相处。在世界三大生态系统中，森林起着主体作用，尤其是建设中国特色社会主义的生态文明的过程中，林业生态文明建设有着重要的作用和地位，尊重林业发展的规律已经成为未来林业发展的重要途径。生态文明建设思想的提出，标志着中国共产党对中国特色社会主义建设规律认识的深化。是中国特色社会主义理论体系的又一重大创新成果，它对于我国走出生态困境、构建社会主义和谐社会、落实科学发展观具有现实意义。建设生态文明是我国走出生态环境的必然选择，建设生态文明是构建社会主义和谐社会的基础保障，建设生态文明是落实科学发展观的必然要求。林业生态文明建设的意义重大，是构建人与自然和谐的需要。建设和谐社会，首先要构建人与自然的和谐，建立人与自然的和谐共处、协调发展关系，实现人类与自然界关系的全面、协调发展是人类生存与发展的必由之路。为此，必须确立生态文明观。现代意义上的生态文明观，视人类与自然是对立统一的整体，从整体上把握住规律，并以此作为认识自然和改造自然的基础。只有在农业生产劳作中加强生态文明观念的树立，才能实现人与自然和处，协调发展。

当前，面对资源趋紧、环境污染严重、生态系统退化的严峻形势，必须树立尊重自然、顺应自然、保护自然的生态文明理念。把生态文明建设放在突出地位，融入社会建设的各方面和全过程。其中，在整个社会的生态文明建设中，生态林业是一个新兴产业。习近平总书记在阐述生态文明思想内涵时强调，要统筹山水林田湖草系统治理的整体系统观，山水林田湖草是生命共同体。加强生态建设，维护生态安全是建设生态文明的首要条件。而作为生态文明的重要组成部分的林业系统，在推动社会发展方面具有积极作用，

社会经济的可持续发展需要林业系统的保证。同时林业系统又作为生态建设的主体，不仅实现了对生态环境的保护，在衔接经济社会以及维护国土安全方面更是发挥着重要作用。综上，生态林业具有广泛的社会效益，长远的生态意义和极大的发展潜力，响应生态文明建设理念已经成为发展现代林业的首要话题。

现代林业为生态文明建设提供了生态环境基础和文化支撑。第一，在生态环境基础方面，人与自然的和谐发展是生态发展的核心。在生态系统中，森林能够维持生物界与非生物界之间的生态平衡，影响物质循环以及能量转换。与此同时，森林系统为众多物种提供天然屏障，起到了保护生物资源的作用。涵养水源，保持水土，防风固沙，调节气候，在生态系统中扮演着十分关键的角色。第二，在文化支撑方面，自从人类诞生以来，人类文明的发展便离不开森林系统。可以说森林孕育并培养了人类，成为了人类文明的发祥地。葱郁的森林推动人类文明进程，产生许许多多色彩纷呈的人类文化。在很大程度上讲，森林的发展状态影响着人类的文明进程。

而促进现代林业发展是促进生态文明建设的重要措施之一。现代林业发展和生态文明建设之间的联系主要表现在：林业发展是生态文明建设的重要基础，环境保护与生态建设的主体是林业，而生态文明建设中的水土流失治理、修复生态环境及治理荒漠化等方面，需要现代林业的支持。由于现代林业发展和生态文明建设的联系非常密切，这就要求在实际操作中，加强两者之间的协调，采取有效策略促进现代林业发展，增强生态文明建设。

三、发展生态林业的意义

生态林业的主要功能是涵养水源、保持水土、防风固沙、调节气候、净化空气等，对水利工程使用寿命都有巨大作用，对农牧畜产、稳产起到屏障作用。生态林业建设是生态经济多样化和生态平衡环境的基础，是生态文明的重要载体，在人与自然和谐相处中发挥着不可替代的基础作用。

随着社会经济的发展，人们对生活环境的要求也不断增多，人们对水源的清洁程度、空气质量、居住环境以及住居地方的气候等方面具有新要求，从而构成生态产品理念。因此，为了实现这一目标，林业生态文明建设的脚步必须加快，林业生态部门应该充分认识林业部门在整个生态文明建设系统中的重要地位。以全局性、长远性、实践性、群众性为基础，肩负起林业部门应该承担的责任，从绿色发展的角度进行林业生态文明建设。

生态林业的发展，关系着绿色经济的发展。森林中有重要的生物资源，森林中有生物总量的优势，是重要的能源宝库。从现阶段我国的生物质能源的发展情况看，其储量已经达到了 3×10^8 吨。而面对国际资源短缺的现状，通过发展森林资源新能源，能够在一定程度上促进我国能源结构的调整。

另外，生态林业的建设已经成为了脱贫攻坚路上的重要方针。众所周知，山林中生长着许多珍贵的植株、名贵的食材和药材。因此，加强林业生态的建设，有利于更好地管理森林资源，构建森林绿色产业链，保护生态环境。丰富林产品结构的同时，带动被困于大山中的贫困地区的经济发展，从而实现脱贫摘帽。

第三节　生态林业的案例

1. 贵州百花湖风景名胜区

森林生态旅游建设是我国生态文明建设的重要组成部分，贵州百花湖风景名胜区是将林业生态作为生态旅游的典范(图 11-1)。百花湖位于贵阳市西北郊 22 千米处，地处贵阳市观山湖区朱昌镇和百花湖乡之间，总面积为 12 222.02 公顷。其中水域面积占 1220 公顷，湖中有 100 多个小岛，地貌以丘陵为主。名胜区内草木茂盛、山清水秀、空气清新，乔林地 5350.82 公顷，竹林地 10.34 公顷，灌木林地 2449.14 公顷，森林覆盖率为 63.90%。2018 年，百花湖入选贵州省第一批省重要湿地名录。著名作家金庸曾到此地游玩时，赞颂到“翠湖清波映星星，星光灿烂照青山。如此湖山天下无，天然胜景百花湖”，百花湖的确是一个绝佳的休闲旅游胜地。百花湖生态旅游的发展建立在保护水资源及保育生态的前提下，将湖泊、岛屿、山岳融合一起，同时发展

图 11-1　百花湖

林业与旅游业。虽然百花湖开发为旅游区，但十分注重生态资源的保护，不断提升森林覆盖率和森林资源丰富度。同时加强水质监测和管理，而且严格控制景区每天接待游客不得超过 15 400 人次，实现生态效益与经济效益的协调发展。此外，当地丰富多彩的民族风俗文化、森林文化也得以淋漓尽致地展现，使当地传统文化得到更好地保护与传承。

2. 安徽金寨林业生态扶贫

由于很多贫困地区都位于山林中，林业是最大的经济支柱。因此，大力发展生态林业，也是贫困地区脱贫攻坚的重要战略。金寨县位于安徽省刘怀市(图 11-2)，被誉为“红军的摇篮、将军的故乡”，是著名的革命老区，也曾经是国家级重点贫困县、大别山片区扶贫攻坚重点县。2018 年，金寨县完成财政收入 190 537 万元，同比增长 30. 4%；2019 年脱贫致富显现新成效，成功“摘帽”，金寨县的林业生态功不可没。金寨县是安徽省林业面积最大的山区县，全县山场面积 29. 93 万公顷，森林覆盖率 75. 52%。2014 年，金寨县开展脱贫工作，秉承“绿水青山就是金山银山”的发展理念，坚持“围山转”，打好“生态牌”，念好“绿字经”。积极稳妥地推进林长制工作，把“五绿”目标落到实处。在保育山林的同时大力发展林业传统产业。2019 年，金寨县油茶、毛竹、板栗、山核桃的种植面积分别达到 1.46×10^4 公顷、0.8×10^4 公顷、1.67×10^4公顷、1.4×10^4 公顷，成功通过林业产业获取稳定收益。此外，从贫困家庭中选聘的 2710 名生态护林员，在 2016 年到 2019 年共增加收入 2. 48 万元。不仅有效地保护山林资源，还帮助贫困户增收，成功利用林业产业和生态保护扶贫。

图 11-2　金寨县花石乡

第十二章 清洁生产

第一节 清洁生产概述

一、清洁生产的定义

“清洁生产”概念的提出最早是在1979年，欧共体理事会宣布推行清洁生产政策。在1990年美国国会通过了“污染预防法”，把污染预防作为美国的国家政策，取代了长期采用的末端处理的污染控制政策。要求工业企业通过源削减(包括设备与技术改造、工艺流程改进、产品更新设计、原材料替代，以及促进生产各环节的内部管理、减少污染物的排放)，并在组织、技术、宏观政策和资金方面做了具体的安排。但这指针对只针对有害废物的处理，未涉及资源与能源的合理、持续利用及产品与环境的相容性问题。

根据1996年联合国环境规划署(UNEP)的定义，清洁生产是一种新的创造性的思想，它将整体预防的环境战略持续应用到生产过程、产品和服务中，从而增加生态效率和减少人类及环境的风险。其中，对生产过程，是指节约原材料与能源，淘汰有毒材料，减有毒有害废弃物的产生；对产品，是指减少从原材料提炼到产品最终处置的全生命周期的不利影响；对服务，是指将环境因素纳入设计与所提供的服务中。这个定义总结了之前不同时期不同国家采取相关措施减少产品的生产全过程中污染物产生的想法，如“废物减量化”“无废工艺”“污染预防”等。

2002年第九届全国人民代表大会常务委员会第二十八次会议通过了《中华人民共和国清洁生产促进法》，在2012年做出了新修订。该法把“清洁生产”定义为：不断采取改进设计，使用清洁的能源和原料，采用先进的工艺技术和设备，改善管理，综合利用等措施，从源头削减污染，提高资源利用效率，减少或者避免生产、服务和产品使用过程中污染物的产生和排放，以减轻或

者消除对人类健康和环境的危害。另外，根据《中国21世纪议程》的定义，清洁生产是指既可满足人们的需要又可合理使用自然资源和能源并保护环境的实用生产方法和措施，其实质是一种物料和能耗最少的人类生产活动的规划和管理，将废物减量化、资源化和无害化，或消灭于生产过程之中。同时对人体和环境无害的绿色产品的生产亦将随着可持续发展进程的深入，而日益成为今后产品生产的主导方向。清洁生产是议程中确立的重点项目之一。

总的来说，清洁生产要求把握生产全过程以及产品的整个生命周期，尽最大可能生产环境友好型产品，实现可持续发展。

二、清洁生产的内涵

1. 两个控制

根据前面概述清洁生产的定义可知，清洁生产主要包括两个控制：控制生产全过程以及控制产品全生命周期。首先，控制生产全过程最重要的是对原材料以及能源的选择，不仅要最大程度节约能源和原材料的使用，还要选择清洁的能源、避免使用有毒有害原材料。其次，对于生产技术，应该淘汰传统低效率高污染的生产工艺，尽可能地提高原料利用率，减少废弃物产生，实现“零排放”。产品的整个生命周期包括原材料获取、生产、运输、使用以及废弃后的处理，其中前两个周期在生产全过程中。清洁生产要求控制产品的运输和使用过程废弃物的产生，同时对于其废弃后的处理也应该尽可能地减少对环境的影响，最好能实现循环再利用。

2. 两个目标

至今，工业发展过程中对污染物的污染与防治主要经历了直接排放(20世纪60年代以前)、稀释排放(20世纪70年代)、末端治理(20世纪80年代)以及清洁生产(20世纪90年代至今)四个阶段。在黑色文明时期，工业生产过程对环境肆意地掠夺与污染，引发的八大公害事件也给予人们沉痛的教训。近年来，全球环境问题日益突出，人口、资源、环境与发展已成为各国的关注焦点。“先污染后治理”的发展模式不可能实现人与环境的协同发展，因此必须寻求可行的新的生产生活方式，实现可持续发展，而清洁生产就是其中一个重要路径。

清洁生产的一个目标是缓解能源短缺问题。随着经济与社会的高速发展，我国能源消耗日益增加，而且化石燃料的消费占比最大，这不仅不断增大能源消费缺口，还造成了严重的环境污染。而清洁生产的生产过程就涉及能源问题，它提倡节能，降耗，综合利用自然资源，代替短缺或高碳能源。而且大力发展清洁能源，如耳熟能详的风能和太阳能，可再生能源的开发能更有效地缓解能源消耗的问题。此外，还从原材料方面入手降低能耗。

清洁生产的另一个目标是减污、增效，即最大限度地减少生产过程废弃物的产生，同时提高生产效益。如我国经济建设的支柱产业——化工工业，其生产过程的废水、废气以及固体废弃物的排放量位居前列。而清洁生产模式能有效减少污染物排放，真正做到达标排放，最终实现零排放。此外，清洁生产还要求将环境因素纳入设计和所提供的的服务中。总的来说，清洁生产有助于确保生产与环境的相融合，做到真正意义上的环保。符合生态文明的发展理念，有利于实现可持续发展。

3. 四个内容

清洁生产的四个内容实际上是围绕前面的控制过程和目标展开的，包括清洁的原料、清洁的能源、清洁的生产过程以及清洁的产品。

首先，清洁的原料是从源头开始控制生产的清洁度，主要是指减少原材料使用，选用毒性、有害性、污染性最低的原材料，减少使用稀有材料以及现场循环利用物料。其次，清洁的能源除了要优先选择可再生能源，对于常规的能源应充分利用现代技术开发节能技术，提升燃料品质。如洁净煤技术，从而提高能源的燃烧率，同时有效控制温室气体排放。再次，清洁的生产过程也就是控制生产过程污染物的排放，减少损耗，提高原材料的转换率。这要求设计更为清洁的生产工艺，多采用自动化设备，提高加料、装袋等过程的精准度。另外，不断提高科学管理水平，对于生产设备定期维护检修，尽量减少或消除潜在隐患，也是清洁生产的重要内容。最后，对于所生产的产品，应当不断开发创新，预防产品消费过程对环境的污染。尽可能延长产品的寿命，充分利用产品的价值，实现循环再生。此外，过度包装是目前产品普遍存在的问题，应该使用可回收利用的包装材料，合理地包装产品。

清洁生产的两个控制、两个目标和四个内容也统称为清洁生产的八个方面。根据它的定义与内涵可以看出，清洁生产具有持续性、预防性以及综合性，它的本质是实现环境保护与经济发展相协调。涉及生产、管理、社会、公众、政府等各个层面，使自然环境、经济效益和人类发展的利益最大化。

三、清洁生产的相关理论

1. 环境资源价值

环境资源是拥有价值的，从马克思主义的劳动价值论、西方经济学理论的“供求价值论”都可以得到论证。环境资源价值是指环境资源本身的存在价值，并且包括其对生产或消费所有的贡献能直接满足或间接支持生产或消费活动的获益的价值。补偿、保护和建设环境资源所需的生产资料价值、劳动

者必要的劳动价值以及劳动者剩余劳动创造的价值是环境资源的价值构成。环境资源价值可分为有使用价值与内在价值，而根据使用价值又可分为物质资源、环境容量资源、舒适性资源以及维持性资源；根据其表现形式可分为直接使用价值、间接使用价值以及潜在使用价值，如自然界的树木可直接提供建材，具有直接使用价值，它作为自然界的生产者、能净化环境、改良土壤，具有生态功能，即间接使用价值。再如，水稻草丛矮缩病的防治是从一颗具有该病较强抗性的野生水稻中找到了必要的基因。因此，很多自然环境资源还可能具有潜在使用价值。另外，环境资源价值都是按照“支付意愿”的理论进行评估，即消费者接受一定数量的消费物品或劳务所愿意支付的金额。

2. 环境容载力

①环境容量。环境虽然具有自我调节与净化的能力，但它对于污染物并不能无限地容纳，存在最大承受限度。当超过这一限度时，自然环境难以进行自我修复并可能危害人类身体健康与社会的发展。环境容量的大小与该特定环境的空间、特性以及污染物性质相关。一般来说，环境空间越大，相应的环境容量也会增大，对污染物的净化能力也越大；而污染物的物理和化学性质越不稳定，则越容易被清除。环境容量根据承受限度可分为生态容量(生态环境在保持自身平衡下允许调节的范围)、心理环境容量(在合理的范围内，而且人们感到舒适)和安全环境容量(极限环境容量)。

②环境承载力。主要是指在某一时期、某种环境状态下，在维持相对稳定的前提下，某一区域环境对人类社会活动和经济活动支持能力的限度，即环境的承受力或忍耐力。环境承载力是环境科学中的一个重要概念，侧重体现和反映环境系统的社会属性；而环境容量侧重反映环境系统的自然属性。合理进行环境规划具有重要意义，从而使环境容量与环境承载力不低于污染物排放量。

3. 物质平衡

物质平衡也是清洁生产中的废物与资源转化理论，这个理论基于物质不灭定律和能量守恒定律而建立。在生产过程中，物料遵循物质平衡的原则。而清洁生产能最大限度地减少废物产生，甚至使废物“复位”变为资源，使废物得到再生循环利用。另外，根据物质平衡理论，生产过程中所产生的废物越多，原料和资源的消耗也多。因此，清洁生产要求从生产源头的原材料和能源作出控制。

4. 生命周期评价

生命周期评价(Life Cycle Assessment，LCA)是一种用于评估产品在其整个生命周期中，即从原材料的获取、产品的生产直至产品使用后的处置，对环境影响的技术和方法。这种方法最早起源于1969年美国中西部研究所受可口可乐委托对饮料容器从原材料采掘到废弃物最终处理的全过程进行的跟踪与定量分析。随后，生命周期评级纳入ISO14000环境管理系列标准，成为国际上一个面向产品系统的重要环境管理工具。根据ISO14000的定义，生命周期评价是指对一个产品系统的生命周期中输入、输出及其潜在环境影响的汇编和评价，具体包括互相联系、不断重复进行的四个步骤：目的与范围的确定、清单分析、影响评价和结果解释。

四、清洁生产的意义及发展现状

目前我国工业生产属于粗放型大量消耗能源型，这也是导致工业污染严重的重要原因。毋庸置疑，清洁生产对于我国发展具有重要意义。

首先，清洁生产是走可持续发展路径的必由之路。清洁生产体现以预防为主的环境战略，把控生产的全过程以及产品的整个生命周期。除了节能降耗，充分发挥资源能源与原材料的利用价值，缓解能源短缺问题，保障资源的永续利用；清洁生产还要求优选原材料与资源能源，科学设计生产工艺，预防、减少甚至消除每一环节中污染物的产生。在提高经济效益的同时尽可能地减少对人类的危害和对自然环境的损害，这契合生态文明的思想。实现经济社会、人类与自然的协调发展，也是可持续发展的必然要求。

其次，清洁生产是工业生产转型的重要过程和标志。清洁生产要求改变生产中“先污染、后治理”，传统的粗放型发展模式，走集约型的、内涵的增长方式和发展道路。清洁生产要求企业包括管理者、技术员、操作员等所有员工必须具有环保意识，创新意识，不断改革创新，调整产品结构，优化生产工艺。这有利于企业合理配置资源，提高生产率。而且清洁生产还能有效提升员工的工作环境，减轻对他们身体健康的影响，从而塑造更良好的企业社会形象，体高企业的市场竞争力。因此，清洁生产对于企业的转型和提升无疑是一个绝佳的机遇。

再次，清洁生产是实现环境保护与经济发展相协调的最佳方案。环境成本是很多企业选择逃避的问题，环境效益与经济效益难以兼顾，这也是阻碍他们进一步发展的重要原因。清洁生产优化了生产中的每一个环节，企业具有科学的管理方式，优化的生产工艺。从而资源能源得到更充分的利用，环境污染不断减少，提高经济效益的同时大大地减少环境成本。

最后，清洁生产大大地提高了对环保产业的需求，有利于促进环保产业的发展，这也符合未来经济发展趋势。值得注意的是，清洁生产不仅仅止步于工业生产，对于农业生产领域和其他服务、消费领域也具有指导价值。

瑞典在1987年首先开展了清洁生产工作，荷兰、丹麦、德国、奥地利等国家也紧跟其后。但我国清洁生产工作的开展较晚，1992年政府才将清洁生产正式列入《环境与发展十大对策》；1994年，我国制定了《中国21世纪议程》，并专门将清洁生产和绿色产品的生产纳入发展规划中；1999年，国家经贸委把北京、上海、江苏等10个省市作为示范点开展清洁生产工作；2003年正式实施《中华人民共和国清洁生产促进法》。据相关资料显示，我国的200多家企业在推行清洁生产之后，废水排放量平均削减率达40%~60%，COD消减率达到40%以上，获得经济效益5亿多元。

近年来，我国清洁生产与环境管理制度相结合，相关政策法规不断建立健全，全国的清洁生产网络逐渐编织起来并取得了喜人的成效。但是，与欧美发达国家相比，我国清洁生产发展仍处于弱势，在技术和管理层面上仍有很大差距，在推行的过程中存在许多问题。

①清洁生产尚未得到全面推广，存在重大型企业、经济发展地区，轻中小企业和经济发展滞后地区，如西北部。一方面，可能是因为中小型企业和西部地区的清洁生产理念较弱，缺乏科学的技术指导和管理体系，难以将清洁生产技术贯彻；另一方面，中小型企业相比于大型企业资金周转没有那么灵活，在进行企业转型的过程会遇到更多困难和挑战，而西部地区更是如此。据不完全统计，我国在2016年的清洁生产审核方案投资了229.1亿元，但西部地区12省(区、市)的投入资金只占全国18.1%。此外，清洁生产的开展不全面还体现在行业和产业上，对于农业和其他服务业相比于工业领域的推进工作较缓慢。我国是农业大国，随着种植业和畜牧业的迅速发展，在生产过程使用的农膜、化肥、农药、抗生素药物等以及秸秆、禽畜粪便等未得到妥善处理，导致对环境造成的污染也日益严重。因此，加快开展农业生产的清洁生产工作，对提高农业生产效益，推动农业可持续发展也具有重要现实意义。

②相关产业政策和法律法规仍不健全，对于促进法设立的内容难以落到实处。一方面是监管力度不足，目前仍然存在很多企业违建、偷排的现象；而对于要求强制实施清洁生产的企业或者是行业，缺乏合适的管理制度和监管手段，部分从业者对于清洁生产理念并不了解或认同；另一方面是奖励机制不完善。根据促进法规定，除了强制要求的企业，其他企业的清洁生产审核遵循自愿原则。但对于中小型企业，难以完全实施清洁生产。因此需要大型企业的“先清洁带动后清洁”以及国家的扶持，如清洁生产优惠制度的落实；对于清洁生产示范企业提供更多的资助与宣传机会，帮助打造良好的企业形象。

③欠缺成套的技术设备。以农业为例，由于自然气候和地域差异性，农业清洁生产的相关技术缺乏通用性。目前仅有有机农业是国际认可的环保农业，但每个国家和地区针对有机农业制定的标准也各不相同。还有，我国目前有关农业生产、食品加工等多样，但它们是否属于农业清洁生产的范畴仍然缺乏具体考核的标准。再者，创新是引领发展的第一动力，我国在清洁生产上的技术设备创新仍然有所欠缺，也是导致清洁生产技术体系不完备的重要原因。

目前人类面临多种环境资源问题，世界各国人民已认识到全球环境问题的严重性。而清洁生产是全球的发展趋势，可以缓解日益严峻的环境问题，是实现生态文明建设，走可持续发展道路的重要举措。

第二节　绿色技术

一、绿色技术的定义

前面提到，绿色文明认为技术是联结人类与自然的纽带。当前，国际上兴起了一股“绿色浪潮”，冠以“绿色”的众多新名词如雨后春笋、层出不穷。其中，在科学技术领域，出现了“绿色技术”这一新名词。它实质上是指能够促进人类长远生存和发展，有利于人与自然共存共荣的科学技术。它不仅包括硬件，如污染控制设备、生态监测仪器以及清洁生产技术，还包括软件，如具体操作方式和运营方法，以及那些旨在保护环境的工作与活动。

根据绿色技术对环境的不同作用，可将绿色技术分为三个层次：末端治理技术、清洁工艺、绿色产品。首先，末端治理技术是指通过对废弃物的分离、处置和焚化等手段，减少废弃物污染的技术，如烟气脱硫技术。其次，清洁工艺是指在生产过程中采用先进的工艺与减少污染物的技术，它主要包括原材料替代、工艺技术改造、强化内部管理和现场循环利用等类型。最后，绿色产品是指产品的消费过程不会给环境带来危害，它主要包括以下几个层次的含义：产品的消费过程和消费后的残余物及有害物质最少化(包括合理的产品体积、合理的包装与使用功能等)；可拆卸型设计；产品回收后再循环利用。

二、绿色技术的特征

绿色技术主要有四个特征。首先，绿色技术不是指某一单项技术，而是

一整套技术。不仅包括生态农业、清洁生产，也包括生态破坏防治技术、污染防治技术以及环境监测技术等，这些技术之间又互有联系。其次，绿色技术具有高度的战略性，它与可持续发展战略密不可分，绿色技术的创新与发展是实现可持续发展的根本途径。再者，随着时间的推移和科技的进步，绿色技术本身也在不断变化和发展。尤其是作为绿色技术根据的环境价值观念，会不断发生变化，技术也就会随之变化。最后，绿色技术和高新技术关系密切。高新技术可以在绿色技术中找到许多用武之地，两者互相结合，才能更好地推进人类社会的发展。

第三节　清洁生产与循环经济

一、清洁生产与循环经济的区别

简单来说，清洁生产就是整个生产过程污染物排放符合国家标准，或者达到绿色生产，污染物排放为零，对社会和生活环境没有危害。循环经济是整个生产过程不仅没有产生废弃物，而且每个环节的废物可以被下一个生产环节利用。

两者最大的区别是在实施的层次上。在企业层次实施清洁生产就是小循环的循环经济，一个产品，一台装置，一条生产线都可采用清洁生产的方案，在园区、行业或城市的层次上，同样可以实施清洁生产。而广义的循环经济是需要相当大的范围和区域的，如日本称为建设“循环型社会”。推行循环经济由于覆盖的范围较大，链接的部门较广，涉及的因素较多，见效的周期较长，不论是哪个单独的部门恐怕都难以担当这项筹划和组织的工作。

二、清洁生产与循环经济的联系

事实上，清洁生产与循环经济之间虽然存在差异，但是两者之间又相互联系，相辅相成。循环经济的推行需要有一系列的技术支撑，而清洁生产可以为循环经济提供基础。清洁生产可以说是推行循环经济的具体表现形式，能为它积累在体制、立法等方面的经验。还有，清洁生产与循环经济都与传统治理不同，都实施全过程控制。在经济生产活动的源头出发，节约资源能源，减少污染物排放，并关注后续生产、消费、后处理等更各个环节，以最大限度地减少污染物的产生。清洁生产与循环经济都遵循生态文明思想，符合可持续发展观。以清洁生产为基础，构建循环社会，有利于解决经济发展与环境保护之间的矛盾。

第四节　清洁生产的案例

案例一：中粮可口可乐饮料(北京)有限公司雪碧连混设备节能节水项目

改造前：雪碧生产线由人工配制各种主剂、水、单糖，由于人工疏忽会造成产品质量事故，影响效益。人工配料效率较低，每次倒罐会使生产线停机3分钟，存在由于糖浆罐倒罐不及时而影响生产排班，另外人工配料浪费水资源。改造方案：此次项目改造为在线自动连续生产雪碧最终糖浆系统，产能25 000升/小时，且产能可以调节50%~100%，各成分可微调，所有成分的添加精确计量，实现单糖白粒度范围59±5Brix，果糖最终糖浆度77.00±1Brix或以内；实现系统优化，所有涉及其他系统的工作最优化控制，减少干扰，并实现关联。实施效果：该项目投资550万元，项目实施后，每年可减少用水13 000吨(其中热水6500吨)，节约蒸汽128吨；节约水及制精水费用19.5万元，节约蒸汽费用5万元，节省人工费用48万元；节省污水处理费4.55万元，共计综合经济效益77.05万元/年。

案例二：河北长安汽车有限公司节能项目

该企业在开展清洁生产前存在的问题主要集中在涂装工艺中，包括：①涂装工艺能耗过高，占据整车生产企业总能耗的50%以上；②涂装工艺没有设置余热回收装置，烘干热风炉中产生的200℃高温烟气全部直接排放；③在涂装前处理工艺所需的蒸汽由燃烧煤的锅炉提供，每年耗煤2万吨左右。河北长安汽车采用了“涂装线余热回收”的清洁生产方案，随后热风炉排烟热量代替利用锅炉提供蒸汽加热前处理用水。在清洁生产方案实施一年后，该企业涂装线余热全年回收热量16.26×10^{10}千焦，节约耗煤7824.6吨，节煤率高达48.44%。另外，在总装车间中，工艺复杂，员工人数多，生产占用面积大、生产流程长，在车间中每个员工与每个生产单元的协调性与操作速度将决定单班生产效率。该企业在专家的指导下，开展清洁生产时对员工的规范化操作进行培训，并根据员工的自身条件调整工位。执行后，该企业总装线实现了由原来的每2.5分钟下线一辆整车提升到每2分钟下线一辆车的目标。

案例三：隆化县金谷矿业有限责任公司铁精粉回收项目

该企业生产铁精粉的采选一体化矿山企业，每年处理铁矿石60万吨，产

铁精粉 10 万吨。但在进行清洁生产审核的物料平衡分析时发现，不符合物质平衡理论，缺少了 100 多吨的铁精粉。在对生产现场勘查后找到了问题所在。在成品堆场中，每天大约有 300 多千克的铁精粉被运输车辆的车轮碾压带走，全年累计损失就会达 100 多吨。该公司随后派人员专门清扫成品堆场，防治车轮粘附带走铁精粉。一年后重新核算，减少损失铁精粉 90 多吨，获得经济效益约 10 万元。此外，这个方案预防和减少车辆因车轮碾压带走铁精粉后在运输途中造成粉尘污染，减少产品在运输环节对环境造成的污染。

案例四：北京亮马河大厦有限公司扶梯改造项目

扶梯变频改造改造前：亮马河大厦饭店大堂的 6 台扶梯已安装变频装置多年，红外感应装置反应较差，基本已无法正常变频运行，增加运行电耗，并使扶梯部件(如电机、减速箱、扶手带等)产生不必要的磨损及疲劳损伤。改造方案：将饭店大堂 6 台扶梯进行变频改造，安装变频柜，电脑主机以及红外感应装置。采用无速度传感器矢量变频调速技术，在有人乘坐时，扶梯以原有速度运行；当无人时，扶梯减速到低速或停止运行。实施效果：该项目投资 30 万元，方案实施后，年节电量为 8.67 万千瓦时。

第十三章　垃圾分类

第一节　垃圾管理

一、垃圾的定义与污染现状

垃圾是失去使用价值、无法利用的废弃物品，是物质循环的重要环节。是不被需要或无用的固体、流体物质。

随着城市化和工业化进程的发展，人们的生活水平也不断提高，但垃圾的排放量也逐渐增多，其成分也越来越复杂，垃圾处理问题也变得日益尖锐。“垃圾围城”和“垃圾填海”曾是人们的预测以及提醒人们不要乱扔垃圾的公益广告，但如今这已不再是预测，而是赤裸裸的、让人触目惊心的现实。根据相关统计结果显示，我国一线城市平均每人每天生产的垃圾量为 0.8 千克左右，二线城市平均每人每天生产的垃圾量为 0.5 千克左右。城市垃圾年产量约为 1.5 亿吨，已有约 2/3 的城市陷入了垃圾围城的困境。

此外，北极熊、鸟类、鱼类、哺乳动物等都已受到了极大的威胁，甚至物种濒危。据计算，北冰洋的塑料垃圾在短短十年里几乎增长了 20 倍。在一个地区，废弃物的数量已从每平方千米 346 块，增长到 10 年后每平方千米 6333 块。世界经济论坛调查发现，仅太平洋上的海洋垃圾就已达 350 万平方千米，超过了印度的国土面积。而全球的海洋垃圾正在以每年超过 800 万吨的速度不断增长。美国环保摄像师 Chris 曾在太平洋的荒岛上拍摄了一组最残忍的照片，轰动全球。成年信天翁在受污染的海域捡拾垃圾，它们以为带回了食物并喂给幼鸟吃，其实都是打火机、瓶盖等垃圾。最终导致小鸟因脱水，饥饿、胃穿孔而死。类似这样的事件在频频发生。而且，这些垃圾的最后归途是我们人类。目前，“塑料微粒”(被称为海洋 PM2.5，直径小于 2 毫米，肉眼难以看见但数量巨大)受到了越来越多的学者的研究，并在海鲜、水和食盐

中都检测到了大量的塑料微粒。而我们人类正在不断地吞噬这些无法消化、无法降解，且不断积累的物质。

如果垃圾不能得到有效合理的处理和处置，那么将会对环境造成严重危害，更是对资源的一种浪费。所以，实现垃圾减量化和资源化将成为我国近年来亟待解决的问题。

二、垃圾的处理方式

在我国，生活垃圾的处理主要有填埋、焚烧和堆肥。将其三者进行比较，可以得出：①同等垃圾处理量，垃圾焚烧厂用地面积只有卫生填埋场的1/20~1/15；②垃圾在卫生填埋场中分解通常需7~30年，而常规垃圾经焚烧2小时左右就能处理完毕；③等量垃圾，填埋约可减容30%，堆肥约可减容60%，焚烧约可减容90%；④生活垃圾的热值一般较高，“垃圾焚烧能源”也较为可观，每吨垃圾可焚烧发电300多度。约5个人产生的生活垃圾，通过焚烧发电可满足1个人的日常用电需求；⑤卫生填埋垃圾浸出液以及填埋气可能会污染地下水及周围环境，造成二次污染。但据德国权威环境研究机构研测，垃圾焚烧产生的污染仅为卫生填埋的1/50左右。

此外，很多人对我国的“地大物博”有错误的理解。很多人都认为中国地大物博，还有很多地方可以填埋垃圾，但没有想到现今可利用土地越来越少。反观日本，他们深刻地意识到能利用土地的不足，所以在垃圾分类上日本是全世界做得最好的一个国家。综上，从长远发展来看，焚烧技术更适合于处理生活垃圾。

三、垃圾分类的意义

首先，资源短缺问题需要我们珍惜每一份材料。可回收垃圾经过综合处理，可以减少污染，节省资源。如每回收1吨废纸可造纸850千克，节省木材300千克，比等量生产减少污染74%；每回收1吨塑料饮料瓶，可获得0.7吨二级原料；每回收1吨废钢铁，可炼钢0.9吨，比用矿石冶炼节约成本47%，减少空气污染75%，减少97%的水污染和固体废物。餐厨垃圾经过堆肥处理，每吨可生产0.3吨有机肥料。

其次，高昂的社会成本是垃圾分类的动力。垃圾的处理是一个高社会成本的工作，像2015年北京生活垃圾“收集—转运—焚烧”全过程社会成本为2253元/吨，远高于40~300元/吨的生活垃圾处理费标准。但如果2015年北京已经实施垃圾分类，生活垃圾管理社会成本将会从42.2亿元降至15.3亿元，下降64%。最后，每一种垃圾都对应着不一样的处理方式，否则只会加重经济负担、加剧能源消耗，并污染环境。例如，有害垃圾中的节能灯(一般含0.5毫克的汞)如果与普通垃圾一起进行填埋，将会造成严重的水体污染(1毫克汞渗入地下就能造成360吨的水污染)；若将湿垃圾进行焚烧处理，不仅影响焚烧效率，而且餐厨垃圾中的氯会增加有害气体二噁英的产生。

垃圾分类关系到垃圾能否实现减量化、资源化、无害化处理，关系到我们的生活环境能否改善。因此，推进垃圾分类和资源化利用是解决我国城市发展面临的资源短缺、环境污染、生态破坏、垃圾围城困境和实现城市可持续发展的必由之路。

第二节 国外垃圾分类案例

一、德国垃圾分类

早在20世纪初，德国就开始实行垃圾分类。德国是世界上最早实施垃圾分类的国家之一，至今已推行115年，也是生活垃圾管理体系与法律制度最完善的国家之一。早在1972年，政府颁布了《废弃物处理法》，对生活垃圾的管理遵循减量化、循环利用、末端处置的思路，德国垃圾分类的序幕由此拉开了。2012年该处理法修订为《废弃物管理法》，标志着德国对废弃物的目标从单纯管理转变为资源节约，并在2015年就达到79%的固体废物回收率。1991年，德国针对生活垃圾的一个重要源头——包装物，实施了《包装废弃物管理法》，并建了独特的双轨制回收系统(DSD)，这是世界上第一部针对包装废弃的管理与循环利用的管理法。DSD是一个专门对包装废弃物进行回收利用的非政府组织，能有效地促进包装废弃物的回收利用，德国“绿点”公司就是该系统中的主导。据统计，该条例与DSD系统推行后，2011年就有大于90%的产品包装标示“绿点”，2014年碳排放量减少了272万吨；德国包装废弃物减少了约33.3%，同时还为德国创造了近万个就业岗位。2019年德国实施了新修订的包装法，进一步提高可回收包装的比例，更有效地促进包装废弃物的回收利用。1996年，德国开始实施《循环经济与废弃物管理法》，提出“谁污染谁治理”的原则，对于垃圾的产生、回收和处理三个环节形成更完整的治理链。更有助于政府对废弃物的管理，推动德国循环经济的发展。还有2005年实施的垃圾填埋条例，要求垃圾中有机碳含量低于5%才可以进行填埋处理，倾向于焚烧、循环回收利用、生物处理的垃圾处理方式，基本实现“零填埋”的目标。除此之外，还有《报废汽车条例》《电子电气设备法》《电池条

例》等针对各类型垃圾确立相关具体的法规；各个州市也根据具体情况设立更具体的条例，如《慕尼黑垃圾管理总则》《巴伐利亚垃圾管理条例》《柏林循环经济与垃圾治理法案》等。

在垃圾管理体系方面，德国具有详细的垃圾分类标准，建立了“三桶模式”和“五桶模式”。而且基础设施完备，每种分类的垃圾桶不仅具有高辨识度的设计，还遍布在大街小巷中。而且德国十分注重垃圾治理的宣传教育，举办了慕尼黑联合国际固体垃圾治理协会组织博览会，以促进垃圾治理的经验交流；还鼓励学校加强相关培训，从小学开始灌输垃圾分类的理念，垃圾分类已经成为德国居民的日常生活习惯。另外，德国还推出“按量计价”“按类计价”的阶梯式垃圾治理费，鼓励垃圾减量和分类。比如对于不能回收利用的剩余垃圾，若需要进入焚烧厂处理，按 200 欧元/吨计价；若后续处理设施为资源回收设施和机械生物处理，则按 100 欧元/吨计价，费用由居民或产生者承担。还有在购买外包装具有可回收标识的商品，需要另外支付约 0.25~0.5 欧元的押金，在退还空瓶时方能拿回押金。在终端处理方面，德国也具备完善的配套设施。以德国首都柏林为例，就有 ALBA 可回收物分拣厂、Neukölln 废旧纸张分类厂、Ruhleben 沼气发酵厂、Ruhleben 垃圾焚烧发电厂、Pankow 机械物理稳定厂等，而且这些厂都配备了先进的技术设备，能大大地提高垃圾的处理量和净化效果。

在健全的法律制度和完善的垃圾管理体系下，极大地调动了德国居民垃圾分类的积极性，有效推动德国废弃物管理以及回收利用。从 1992 年至 2012 年，德国垃圾总产量减少了 43%左右，垃圾总处理量降低了 60%以上；2013 年，德国生活垃圾回收率高达 83%，而且近年来，德国 65%以上的垃圾都得到了循环利用，是全球废物回收利用率最高的国家之一，非常值得我国学习借鉴。

二、日本垃圾分类

日本也是世界上开展垃圾分类最早、成效最显著的国家之一。早在德川幕府时代，日本就意识到垃圾对城市环境的不良影响，出现了职业垃圾清运人员；并在 1900 年开始实施《污物扫除法》，明确了政府对公共环境卫生的责任。到了 1954 年，日本政府制定了《清扫法》，明确规定了居民有义务协助市町村进行垃圾收集和处理。但在 19 世纪 60 年代，日本把经济发展放在了国家战略的第一位，而忽视了环境问题，把垃圾只是简单的收集填埋焚烧。更甚的是随着经济的快速发展，一次性产品的使用量也急剧增加，垃圾的排放量急剧增长，而日本这种简单粗暴的垃圾处理方式对环境污染问题造成的巨大的影响。1970 年的第 64 届临时国会被称为“公害国会”，集中提出了 14 项和环境公害有关的法案，但日本垃圾随处可见的现象并没有得到改善。直到 19 世纪 70 年代，日本东京发生了“垃圾战争”，当时东京经济发展迅速，难以负荷巨大的垃圾处理量。为了处理这些垃圾，政府在 1956 年通过了《清扫工场建设十年计划》，打算在每个区建立自己的垃圾处理厂，但这计划最终在居民的强烈抗击下作罢。1957 年，政府又转移的目标，打算将垃圾集中在江东区梦之岛等海湾地区进行焚烧。然而，1970 年后，该地爆发了人人惧之的蝇灾。直到 1974 年，垃圾处理厂的建设终于得到了当地和杉并区居民的同意。此后日本越来越注重垃圾分类问题，成为世界垃圾分类的典范之一。

日本垃圾处理政策经历了“末端处理—源头分类—回收利用—循环资源”的渐进式演进脉络，严格遵循 3R 原则，即减量化(reducing)、再利用(reusing)和再循环(recycling)。日本垃圾分类标准的精细也是闻名于世的，他们不定时更新垃圾分类细则，并印发多个语言版本供民众免费查看。对垃圾的分类大致分为 8 类，包括可燃垃圾、不可燃垃圾、塑料瓶类、可回收塑料、其他塑料、资源垃圾、有害垃圾、大型垃圾。而且这些垃圾分类下还有非常详细的介绍。除此之外，日本还十分注重废物回收利用。例如，把回收的车票做成纸巾、把牛奶盒做成木材、把使用完的饭盒交回给超市等等，真正地实现“变废为宝”。此外，日本的垃圾分类还实行了分时分类的方法，即不仅要分类丢弃回收垃圾，还得分时间分地点扔垃圾；甚至还规定大件垃圾一年只能扔四件，超过了就要付费。所以政府会单独制作家庭垃圾收集日历，方便民众按时按地丢垃圾。同样，日本政府不断地完善法律法规体系，以保障垃圾分类工作的执行。甚至把垃圾分类放入了教科书里，加强对民众垃圾分类的教育，提高民众环保意识，因此日本的垃圾分类取得非常好的效果。

据相关统计数据表明，2000 年，日本垃圾排放量高达 5483 万吨。但在 2016 年时减少到 4317 万吨，而且日本的废物循环利用率从 1990 年的 5.3%提高至 20%以上；2015 年，东京的生活垃圾焚烧处理比例高达 75%，填埋仅占 3%，循环再利用占 20%，每人日均排放生活垃圾 0.8 千克。日本花了 40 多年的时间从当初垃圾成山到现在成为世界公认的垃圾分类强国，其相关的经验对于我国推行垃圾分类也具有很好的启示。

三、丹麦垃圾分类

丹麦是欧盟成员国中垃圾产量最多的国家，在 2016 年的人均垃圾产量高达 777 千克。但是，丹麦城市的美丽整洁、在清洁技术与可再生能源领域闻名全球。而且在 20 多年前，丹麦政府就确立了在 2020 年实现大于 50%垃圾

可回收利用，建设“没有垃圾的国度”的目标。对此，丹麦推行的垃圾分类功不可没。事实上，早在1986年，丹麦就制定和实施了生活垃圾处理收费的法令，实行“从量收费，从类收费”。对于已分类垃圾的收费低，而混合垃圾的收费高；而垃圾的处理税与德国相类似，需要填埋处理的收税最高，焚烧处理的收税次之。在丹麦购买饮料时，也需要付瓶子的押金，放入回收机后退还。据统计，丹麦饮料瓶回收率达到了99%以上，平均每个瓶子重复使用30次左右。2018年，丹麦政府推行了新的垃圾分类，垃圾的分类标准更加精细，以便于垃圾的回收利用与处理，有效推动丹麦循环经济的发展。执行新垃圾分类的过程中，丹麦政府向各居民发放新版垃圾分类手册，并配送了垃圾袋或垃圾桶，使居民的分类更便利。“源头减量”“循环利用”也是丹麦政府在垃圾管理中十分注重的部分。先后制定了《丹麦2005—2008年废弃物战略规划》《丹麦无垃圾计划(2013—2018)——回收更多、焚烧更少》和《丹麦无垃圾计划(2015—2027)——垃圾源头减量》，不断完善垃圾管理体系，推动居民自觉遵守垃圾分类。

除了法律制度的保障，丹麦的公共基础设施也比较完备。在宣传教育方面，丹麦成立了许多垃圾管理组织。如DAKOFA，经常向丹麦居民派发有关垃圾分类、回收和管理等的环保小册子。而且垃圾分类的教育也是以卡通动画、垃圾回收站的参观学习、“变废为宝”的手工活动等多种方式，从小抓起。回收废弃物制作手工是丹麦人们很喜欢的一项活动。例如，丹麦的艺术家Thomas Dambo就曾带领团队回收各个城市的废弃垃圾，4年内制作了25个独特、有趣的巨型艺术品。此外，丹麦公共垃圾桶的设计也十分创新独特，结合了其“自行车王国”的特征。将垃圾桶设计为“歪脖式”，不仅便利了人们的需求，还让城市更具设计感。垃圾焚烧也是丹麦摆脱对化石燃料的依赖，实施“零碳战略”的重要举措。丹麦最著名的垃圾焚烧厂(CopenHill)位于首都哥本哈根，该焚烧厂配有顶尖的技术设备，在运营后能减少超过10万吨二氧化碳的排放、消除二噁英污染，并从废物中获取25%的能量。而CopenHill外观科幻炫酷，焚烧厂的屋顶甚至还建了人工滑雪场，深受丹麦人的欢迎。综上，丹麦注重结合本国特色，鼓励公众参与垃圾管理。把“垃圾分类”“废物循环利用”等环保理念通过生活小事感染每个人，丹麦的垃圾分类经验对我国垃圾分类也具有启发意义。

第三节　国内城市生活垃圾的分类

城市生活垃圾分类管理遵循减量化、资源化、无害化的方针和城乡统筹、科学规划、综合利用的原则，坚持可回收物与不可回收物分开、可燃物与不可燃物分开、干垃圾与湿垃圾分开、有毒有害物质与一般物质分开的原则，实行政府主导、社会参与、全市统筹、属地负责。习近平总书记一直以来都十分关心垃圾分类工作，多次实地考察基层垃圾分类的推行情况。在2016年主持召开中央财经领导小组会议研究普遍推行垃圾分类制度，强调要加快建立分类投放、分类收集、分类运输、分类处理的垃圾处理系统，形成以法治为基础、政府推动、全民参与、城乡统筹、因地制宜的垃圾分类制度，努力提高垃圾分类制度覆盖范围。2019年6月，习近平总书记再次对垃圾分类工作作出指示，强调“实行垃圾分类，关系广大人民群众生活环境，关系节约使用资源，也是社会文明水平的一个重要体现”。

生活垃圾分类是通过回收有用物质减少生活垃圾的处置量，提高可回收物质的资源化利用价值，减少对环境的污染。根据生活垃圾构成可以分为四类：可回收垃圾、易腐垃圾、有害垃圾和其他垃圾。其中，可回收垃圾包括废纸、塑料、玻璃、金属和布料五大类，这些垃圾通过综合处理回收利用。可以减少污染，节省资源；易腐垃圾包括食堂、饭店、家庭等产生的餐厨垃圾和农产品批发市场的蔬菜瓜果、腐肉、禽畜内脏等，这些垃圾经过生物技术处理堆肥，每吨可产生0.6~0.7吨有机肥料；有害垃圾是指含有对人体健康有害的重金属、有毒物质或者对环境造成现实危害或潜在危害的废弃物，包括电池、荧光灯管、水银温度计、油漆桶、部分家电、过期药品及其容器、过期化妆品等，这些垃圾一般使用单独回收或填埋处理。其他垃圾是除上述几类垃圾之外的砖瓦陶瓷、渣土、卫生间废纸等难以回收的废弃物及尘土、食品袋，一般采取卫生填埋处理，可以有效减少对地下水、地表水、土壤及空气的污染。

在20世纪50年代，我国部分城市曾经实行了煤灰与其他垃圾的分开收集，算是垃圾分类中的一个小分类。直到2000年，我国将北京、上海、广州、深圳、杭州、南京、厦门及桂林确立为第一批生活垃圾分类试点，但推行较缓慢。2017年，《生活垃圾分类制度实施方案》经国务院同意，转发国家发展改革委、住房城乡建设部，标志着我国正式强制执行垃圾分类。

一、上海市垃圾分类概况

2000年6月，我国开始实施包括上海市在内的“垃圾分类收集试点城市”建设；2014年垃圾分类示范城市(区)试点工作进一步开展。然而，多年来垃圾分类工作始终成效不明显，没有实质性进展。2019年7月1日，《上海市生活垃圾管理条例》作为我国首部地方立法正式实施，标志着我国垃圾分类工作

开始取得实质性进展。

上海市垃圾分类主要是将垃圾分为四大类：可回收垃圾(指废纸张、废塑料、废玻璃制品、废金属、废织物等适宜回收、可循环利用的生活废弃物)、有害垃圾(指废电池、废灯管、废药品、废油漆及其容器等对人体健康或者自然环境造成直接或者潜在危害的生活废弃物)、湿垃圾(即易腐垃圾，是指食材废料、剩菜剩饭、过期食品、瓜皮果核、花卉绿植、中药药渣等易腐的生物质生活废弃物)和干垃圾(即其他垃圾，是指除可回收物、有害垃圾、湿垃圾以外的其他生活废弃物)。

上海垃圾分类实施以来，垃圾分类管理工作得到了全社会的广泛重视。政府领导高度重视垃圾分类工作，从政府机关、企事业单位到居民小区全部迅速按要求配备了垃圾四分类设施，并通过现场活动、媒体网络、微信等多渠道层层宣传和普及垃圾分类知识；各社区也安排专门人员和志愿者协助居民进行垃圾分类，指导居民正确进行垃圾分类；垃圾分类责任到人，垃圾桶有桶长、垃圾房有房长，实施有效；居民垃圾分类妙招不断，各种垃圾分类神器和垃圾分类口诀和顺口溜层出不穷。总之，每个市民都能深切感受到垃圾分类带来的变化，垃圾分类成为了当前的“热词”。

二、广州市垃圾分类概况

广州也在2000年被选为“生活垃圾分类收集试点城市”。2011年，广州政府实施《广州市城市生活垃圾分类管理暂行规定》，成为国内第一个立法实施城市生活垃圾分类的城市。该规定确立了垃圾分类、资源回收利用以及末端处置的目标，明确了各级管理主体的职责、分类标准与方法、奖惩办法等。2012年，广州市成立了固体废弃物处理工作办公室，主要负责广州市固体废物的管理和污染防治，组织开展相关技术研究。2013年，政府颁布了《广州市生活垃圾处理阶梯式计费管理暂行办法》，收取生活垃圾处理费，有利于从源头削减垃圾的产生。2018年，正式实施《广州市生活垃圾分类管理条例》(简称为《条例》，具体内容见本章附件一)，这是全国首部生活垃圾分类地方性法规。《条例》明确规定了广州市生活垃圾管理的分类投放，分类收集、运输与处置，促进措施，监督管理以及法律责任。这对于进一步完善广州垃圾分类处理系统，实行减量化、资源化、无害化(统称为垃圾的“三化”处置)管理具有重要作用。2019年7月，市城市管理综合执法局召开生活垃圾分类工作调研会议，提出全市全面启动整体推进城乡生活垃圾强制分类工作。随后，越秀区、海珠区、荔湾区、天河区、白云区、黄埔区、番禺区等中心区域的居住小区以及校园宿舍区的楼道垃圾桶被逐步撤走，实行“定时定点”垃圾分

表 13-1　广州垃圾分类时间进度计划

时间	计划
2019 年 7 月 16 日前	可了解分类运输车辆收运路线，知晓投诉举报电话
2019 年 8 月前	可知晓各区垃圾分类咨询举报电话，现可拨打 12345 投诉热线咨询
2019 年 9 月前	社区小区将按照分类投放需求，配齐“分类四色桶”，统一设施配置标准
2019 年 10 月底前	以全部自然村为单位，村庄公共区域的“一村一点”配置“分类四色桶”，村民住户有配备分类桶和规范指引
2019 年 11 月底前	以行政村为单位，建有可回收物回收房或回收点，定点回收，对有害垃圾进行集中收集
2019 年 12 月底前	每个街道至少配备 3 名生活垃圾分类专职督导员，每个社区至少配备 1 名生活垃圾分类专管员，监督、指导垃圾精准分类投放
2020 年 12 月底前	楼道全部撤桶，全市 11 区 170 条镇(街)全面推进生活垃圾强制分类制度

类投放模式。为确保工作的顺利推进，制定了具体的时间规划表(表 13-1)。

由上表可以清晰地看到，广州市整体推进城乡生活垃圾强制分类工作正有条不紊地进行中。此外，对于垃圾的分类收集运输，推广“车载桶装”“桶袋一色”“桶车一色”、直收直运等收运方式，合理规划线路，增加运输频次。对每类垃圾设计独立的运输路线，做到“专桶专运、专车专运、专线专运”。逐步实现垃圾分类运输全流程“公交式”收运，拒收垃圾收集不符合标准的收集桶，从而解决分类收运中混装的问题。

2019 年 8 月，广州市政府发布了《广州市深化生活垃圾分类处理三年行动计划(2019—2021 年)》，计划内容为：2019 年，广州要全面启动与生活垃圾分类相适应的新一轮生活垃圾处理设施建设，力争居民生活垃圾分类知晓率达到 85%以上，生活垃圾回收率达到 35%；2020 年，力争居民生活垃圾分类知晓率达到 95%以上，生活垃圾回收利用率达到 40%以上；2021 年，形成具有广州特色的政策完善、机制健全、技术先进、全程闭环、共同参与的生活垃圾分类新格局；力争居民生活垃圾分类知晓率达到 98%以上，与生活垃圾分类相匹配的生活垃圾处理能力达到 2. 8 万吨/日以上，生活垃圾回收利用率达到 40%以上。

广州市人口增速快、流动性大，是具有 1400 万常住人口的特大城市。因此生活垃圾排放总量十分大，目前生活垃圾产量达到大约 2. 5 万吨/日，固体废弃物的处理处置，垃圾分类工作的推行将影响广州市的持续发展。在《条例》实施两年以来，广州市的垃圾分类工作取得了实际性进展，并在 2019 年加速推进。至今，广州市已基本建成分类投放、分类收集、分类运输、分类处理的生活垃圾分类处理系统。2019 年全市居住小区全面完成楼道撤桶，全市配置生活垃圾分类投放点位约 1. 8 万个。居民生活垃圾分类知晓率、参与

率分别提升至99.1%、95.5%。在2019年9月，垃圾分类首次成为广州市的“开学第一课”，通过多途径多方式进行垃圾分类宣传教育和培训。垃圾分类形成全市共识、全民共识、全社会行动，逐渐打造成为全国垃圾分类的“广州样本”。

三、垃圾分类的实施困境与建议

当然，目前垃圾分类还存在一些问题。首先，垃圾分类大多是实行定时定点回收的模式，对于上班族而言，垃圾分类时间与上班时间冲突，极大地限制了垃圾分类的顺利实施。其次，湿垃圾存在卫生隐患，居民需要将塑料袋里的湿垃圾倒入垃圾桶，再将塑料袋扔进干垃圾桶，此过程因不卫生常常引起居民的抱怨。同时，很多湿垃圾桶为敞盖式，清理不及时很容易发酵和产生恶臭味道，影响周边环境质量。此外，干湿垃圾分类极易混淆，增加了居民垃圾分类的执行难度。例如，核桃壳和螃蟹壳是干垃圾，而核桃仁和螃蟹肉是湿垃圾，鸡蛋壳和小龙虾壳却是湿垃圾。这些与我们的常理不太一样，分类时容易引起人们困惑。还有，部分地方尤其是村落里，在回收垃圾的时候为了快捷，经常将已简单分类的垃圾混合装车，这使积极参与垃圾分类的居民感觉在做“无用功”，最终丧失热情。同时，目前垃圾分类成本投入很大，很多公共区域缺乏垃圾分类的硬件设施，执行垃圾违规投放处罚措施也有一定难度，但在短期内让所有人都自己参与垃圾分类显然是不可实现的。

除了上面提到的问题，垃圾分类的实施过程还有许多大大小小的问题，需要不断探索和调整。对于解决垃圾分类的实施困境，总结了以下几条建议：

第一，要充分认识到垃圾分类工作是一项长期工作，不能一蹴而就，在未来相当长的一段时间内垃圾分类仍需要以强制执行为主。虽然目前许多地方都在积极践行垃圾分类工作，但居民对垃圾分类的必要性和环保意识仍很缺乏，本质上缺乏自觉开展垃圾分类的内部驱动力和主观能动性。因此，要持续深入开展垃圾分类宣传动员，提升居民垃圾分类的积极性，鼓励源头减量，避免过度包装。

第二，纵观国外垃圾分类的典范，他们都有完整的垃圾管理体系以及健全的法律制度作保障。因此，因地制宜地制定更加详细的垃圾分类条例尤为重要。应对垃圾分类、回收、处置各个环节制定专门的法律法规，针对各个行业制定相应的标准，学习国外的垃圾处理收费、回收押金制度。而且，确定执行目标后，还应该明确执行的方法、执行标准以及监管方式，以便更好地规范企业的垃圾处理问题；以及引导居民正确地进行垃圾分类，从而实现垃圾的“减量化”和“回收循环利用”。

第三，现阶段居民对于垃圾如何正确分类还不完全清晰，垃圾分类的顺利实施主要依靠垃圾站点的工作人员或志愿者辅助来完成。因此，要注重培养居民正确垃圾分类的技能，定期开展生活垃圾分类指导培训，采用多种方式宣传普及垃圾分类的知识。如公益广告、知识竞赛、垃圾回收处理厂的参观等，而不是一味地派发传单。建立有利于市民参与的工作机制，探索和采取积分兑换、分类奖励、志愿服务以及与垃圾处理费相挂钩等方式，为居民参与生活垃圾分类创造条件，而不只是停留于口头鼓励，形成人人都能自行自觉进行垃圾分类的生活方式。

第四，应正确看待垃圾分类存在的问题，并注重完善垃圾分类的可操作性和便携性。管理者应从现存问题中总结经验，改善现有垃圾分类模式，树立和推广更好的可操作性、便携性垃圾分类模式。同时，还要通过持续培训和宣传等加强公众对垃圾分类认识的提高，从本质上推动垃圾分类的长久开展。居民也要充分理解垃圾分类的好处，克服垃圾分类初期可能对自身带来的不便与不适应。

总之，垃圾分类和回收利用不仅对保护环境和节约能源有着重要意义，同时也是国民经济持续发展的重要保障，是科学发展的内在要求。习近平总书记指出，“推行垃圾分类，关键是要加强科学管理、形成长效机制、推动习惯养成。要加强引导、因地制宜、持续推进，把工作做细做实，持之以恒抓下去。要开展广泛的教育引导工作，让广大人民群众认识到实行垃圾分类的重要性和必要性，通过有效的督促引导，让更多人行动起来，培养垃圾分类的好习惯，全社会人人动手，一起来为改善生活环境做努力，一起来为绿色发展、可持续发展作贡献”。因此，我们应充分认识到垃圾分类对资源环境和人类可持续发展的重要作用，共同携手保护我们的地球家园。

四、你的垃圾扔对了吗?

目前，广州市生活垃圾主要分为四类：可回收物、餐厨垃圾、有害垃圾和其他垃圾，分别对应蓝色、绿色、红色和黑色垃圾桶。与上海垃圾分类情况略有不同，可回收物顾名思义就是能进行回收再利用的生活垃圾，是垃圾中“资源”，包括纸类、塑料、金属、玻璃、木料和织物等。在投放前应注意尽可能保持这些垃圾干燥清洁，比如喝完的饮料瓶应倒掉剩余液体，方便的话最好稍微冲洗晾干、取下盖子、压扁后再投放到垃圾桶中；破碎的玻璃应该用纸或布包裹后再投放；而对于废织物，若衣物还比较新，可以先选择捐赠给有需要的人。餐厨垃圾是生活垃圾中的“肥料”，经过堆肥处理可以得到营养丰富的有机肥料。但若没有被分类，混入焚烧处理的垃圾中，可能反而

会增加二噁英的产生。餐厨垃圾主要包括剩饭剩菜、水果残余、残枝落叶等等，在投放进垃圾桶前应注意沥干水分。有害垃圾是生活垃圾中的“毒物”，可能会对人体健康或生态环境造成直接或间接的伤害，主要包括电池、废灯管、废油漆桶、废杀虫剂、过期药物、过期化妆品、电子产品等等。有害垃圾的投放也应注意包裹易碎物品，不要挤压压力罐。最后，其他垃圾是生活垃圾中的“三不像”，即除可回收物、有害垃圾、餐厨垃圾以外的混杂、难以分类的生活垃圾，主要包括纸巾、尘土、一次性用品、大棒骨、植物硬壳(如榴莲壳)等。除了标有回收标志外，卖盒属于可回收垃圾，其余外卖盒一般都属于其他垃圾。

上海居民为了更简便记忆垃圾的分类，把它总结为有趣的顺口溜：“猪能吃的是湿垃圾，猪都不吃的是干垃圾，猪吃了会生病的是有害垃圾，卖了能买猪的是可回收垃圾。”广州市在 2019 年制定了《广州市居民家庭生活垃圾分类投放指南》，详细列举了每类垃圾所包含的物品，还为居民总结了记忆口诀“能卖拿去卖、有害单独放、干湿要分开”，指导居民更有效准确地进行垃圾分类(图 13-1)。另外，在日常生活中遇到难以判断的垃圾，也可以通过网络查询，例如微信小程序中的“广州垃圾分类管家”。实行垃圾分类，把垃圾分类逐渐养成个人生活习惯。不断提高自身环保意识，是推进我国生态文明建设，助力建设美丽中国的重要举措。

图 13-1　广州四种垃圾分类标识与对应的垃圾桶

参考文献

柏柯，2019. 厨房是室内空气污染大源头[J]. 农村新技术(05)：60.

毕文，2019. 固体废物污染现状和解决对策[J]. 中国资源综合利用，37(12)：89-91.

卞有生，2005. 生态农业中废弃物的处理与再生利用[M]. 北京：化学工业出版社.

蔡萌，汪宇明，2010. 低碳旅游：一种新的旅游发展方式[J]. 旅游学刊，25(01)：13-17.

蔡婷，2010. 企业工程师与决策者的工程伦理思考[D]. 昆明：昆明理工大学.

曹艳会，2014. 建筑施工对环境造成的影响及解决对策[J]. 黑龙江科学，5(03)：281.

常承明，2019. 低碳旅游：一种新的旅游发展方式[J]. 新西部(12)：68-69.

陈建伟，王珏，2009. 基于 LCA 服装使用阶段对环境影响共享分析[J]. 青岛大学学报(工程技术版)，24(3)：76-79.

陈旭峰，2015. 低碳农业论[M]. 北京：中国环境科学出版社.

陈颖，2020. 日本垃圾分类政策对我国的启示[J]. 河北环境工程学院学报，30(01)：8-11.

程子荣，2014. 低碳生活和低碳办公的几点思考[J]. 新经济，4(23)：48.

迟文明，2019. 谈农作物秸秆的综合利用[J]. 农机使用与维修(10)：106.

仇立，2013. 绿色消费行为研究[M]. 天津：南开大学出版社.

大风尚再生艺术专栏，2020. 丹麦艺术家回收垃圾 4 年做 25 个“进击的巨人”[J]. 资源再生(02)：54-55.

戴菲，赵文睿，陈宏，2019. 探索垂直农业与都市景观结合的方式——新加坡垂直农场的研究与启迪[J]. 城市建筑，16(08)：128-132.

戴迎春，2016. 我国城市生活垃圾分类现状[J]. 环境卫生工程，24(06)：1-4.

丁瑶瑶，2020.《生态林业蓝皮书：中国特色生态文明建设与林业发展报告(2019—2020)》发布生态林业发展指数 6 年增长 64%[J]. 环境经济(12)：48-49.

杜欢政，2019. 上海生活垃圾治理现状、难点及对策[J]. 科学发展(08)：77-85.

方钊，2012. 我国绿色消费者的现状和未来[J]. 广州社会主义学院学报，10(02)：36-38，68.

丰子义，2018. 马克思与人类文明的走向[J]. 北方论丛(04)：8-14.

冯路佳，2019. 建筑垃圾何去何从？[N]. 中国建设报，2019-07-19(5 版).

冯梅，2019. 浅谈大学生绿色发展意识的培养[J]. 科教文汇(上旬刊)(10)：44-45.

高淑慧，周龙阁，张智芳，2018. 浅述室内环境空气污染监测与治理方法[J]. 科技风(35)：127.

高正刚，2012. 我国清洁生产的发展和现状[J]. 科技与企业(11)：173.

顾永忠，2009. 从江县稻鱼鸭共生系统保护与传统农业发展对策[J]. 耕作与栽培(05)：1-4，9.

郭书铭，2019. 生态农业中生物技术的应用探析[J]. 现代园艺(06)：40-41.

海金玲，2004. 中国农业可持续发展研究[M]. 上海：上海三联书店.

韩政中，2014. 对我国食品包装低碳化策略的研究[J]. 中国包装，34(07)：41-44.

韩志尧，2019. 国外循环农业经验借鉴与本土化发展[J]. 农村经济与科技，303(14)：1，3.

何福云，柯烨珍，陈龙，2019. 建筑施工对环境的影响及其应对策略[J]. 江西建材(04)：132-133，135.

侯宇，2020. "互联网"在现代农业中的应用现状及发展对策[J]. 湖北农机化(04)：12.

胡曾曾，于法稳，赵志龙，2019. 畜禽养殖废弃物资源化利用研究进展[J]. 生态经济，35(08)：186-193.

胡焕香，张敏，2015. 基于生态文明建设背景下的森林生态旅游发展探讨——以贵阳市观山湖区为例[J]. 林业科技，40(05)：53-56.

胡语嫣，江梅，黄俪馨，等，2016. 浅析快递包装盒的回收再利用[J]. 新西部(理论版)(04)：45-46.

黄美灵，2019. 广东省居民绿色消费行为调查及实证研究[J]. 长春师范大学学报，38(10)：121-130.

黄莹，2019. 有机农业发展现状及对策[J]. 江西农业(14)：66，79.

霍丽丽，赵立欣，孟海波，2019. 中国农作物秸秆综合利用潜力研究[J]. 农业工程学报，35(13)：218-224.

贾品荣，2018. 技术进步是低碳发展的核心驱动力[N]. 中国经济时报，2018-4-10(5版).

蒋丽，2019. 大学生绿色消费理念与行为研究[J]. 戏剧之家(22)：219，221.

焦翔，2019. 我国农业绿色发展现状、问题及对策[J]. 农业经济(07)：3-5.

焦翔，修文彦，2019. 丹麦有机农业发展概况及其对中国的启示[J]. 世界农业(08)：85-89.

焦永杰，刘畅，陈红，等，2014. 固体废物的污染状况分析及废物资源化的思路[J]. 能源与节能(12)：94-95.

金美伶，2014. 浅析绿色消费的发展趋势及营销策略[J]. 当代经济(13)：38-39.

金适，毛小云，徐玉新，2007. 清洁生产与循环经济[M]. 北京：气象出版社.

靳明，2008. 绿色农业产业成长研究[M]. 杭州：浙江大学出版社.

鞠昌华，2018. 生态文明概念之辨析[J]. 鄱阳湖学刊(01)：54-64，126.

李爱萍，2019. 一种新的生态控肥节水技术在海城市农业节水推广中的应用研究[J]. 水利技术监督(03)：214-217.

李春华，2016. 关于人类文明发展加速度现象的探讨[J]. 沈阳师范大学学报(社会科学版)，40(05)：35-40.

李利，2013. 建筑垃圾何去何从？[J]. 城市管理与科技，15(06)：22-23.

李艳，吴婉珍，2014. 金华干部变得"抠门"起来[J]. 今日浙江(14)：50-51.

李正风，从杭清，王前，2016. 工程伦理[M]. 北京：清华大学出版社.

梁琦，夏北成，2015. 低碳发展理论与实践——以广东省为例[M]. 北京：科学出版社.

廖森泰，2015. 海上丝绸之路与珠江三角洲“桑基鱼塘”发展[J]. 中国蚕业，36(04)：20-22.

林群，2012. 从“黑色文明”到“绿色文明”——可持续发展思想的哲学思考[J]. 国家林业局管理干部学院学报，11(04)：7-10.

刘岑薇，王成己，黄毅斌，2016. 中国农业清洁生产的发展现状及对策分析[J]. 中国农学通报，32(32)：200-204.

刘晨，2019. 德国城市生活垃圾治理经验及启示[J]. 北京人大(10)：60-62.

刘海霞，胡晓燕，2019. 我国生态问责制运行的困境与对策 [J]. 中南林业科技大学学报(社会科学版)(1)：18-22.

刘嘉尧，2020. 云南绿孔雀的命运[J]. 生态经济，36(06)：9-12.

刘克华，2016. 珠江三角洲桑基鱼塘景观遗产研究[D]. 广州：华南理工大学.

刘敏，2019. 论化工行业的清洁生产[J]. 中小企业管理与科技(下旬刊)(05)：78-79.

刘通，程炯，苏少青，2017. 珠江三角洲桑基鱼塘现状及创新发展研究[J]. 生态环境学报，26(10)：1814-1820.

刘晓，2019. 德国生活垃圾管理及垃圾分类经验借鉴[J]. 世界环境(05)：23-27.

刘晓梅，2019. 浅谈我国农业机械化的现状及发展趋势[J]. 吉林蔬菜(02)：73-74.

刘铮，党春阁，刘菁钧，2018. 我国西部地区清洁生产产业发展现状、存在问题和建议[J]. 环境保护，46(17)：40-43.

卢大威，2016. 浅谈林业生态建设与林业产业发展[J]. 林业科技情报，48(2)：42-44.

鲁双凤，袁建平，王鹏，2011. 农业清洁生产发展现状与对策分析[J]. 安徽农业科学，39(19)：11698-11701.

陆佳禾，2019. 探讨现代低碳办公空间设计[J]. 建材与装饰(21)：79-80.

罗三保，杜斌，孙鹏程，2019. 中央生态环境保护督察制度回顾与展望[J]. 中国环境管理，11(5)：16-19.

骆世明，2009. 生态农业的模式与技术[M]. 北京：化学工业出版社.

马骉，2015. 一纸一页总关情办公室里有绿心——浅议低碳办公[J]. 办公室业务(12)：91.

毛星童，2018. 中国城市交通 CO_2 排放分析及减排对策[J]. 经济研究导刊(02)：94-96.

梅斯景，2018. 低碳建筑设计探讨[J]. 低碳世界(07)：193-194.

能源与节能编辑部，2015. 环境承载力与环境容量的区别[J]. 能源与节能(05)：80.

倪淑杰，2019. 我国农业机械化发展现状及对策[J]. 乡村科技(36)：125-126.

潘佳，2019. 推动新时代生态文明建设迈上新台阶[J]. 环境经济 (07) ：46-49.

裴志鑫，2017. 中国清洁生产发展现状研究[J]. 现代工业经济和信息化，7(10)：27-28.

邱琦智，谢艳辉，周王琼，2019. 浅述室内环境空气污染监测与治理方法[J]. 居舍(14)：161.

任继尧，2019. 我国绿色消费促进法律制度的完善[J]. 中国环境管理干部学院学报，29(02)：44-47.

任景明，温元圻，肖爱萍，1997. 环境资源价值理论与可持续发展战略[J]. 世界经济文汇

(04)：54-59.

荣荣，张斌，2018. 丹麦居民垃圾源头减量措施与启示——以《丹麦无垃圾计划(2015—2027)》为例[J]. 再生资源与循环经济，11(05)：41-44.

沈彧彧，2018. 纺织行业节能减排现状与主要废水处理技术综述[J]. 中国资源综合利用，1(36)：93-96.

生态环境部，2020. 坚决遏制环评文件造假和粗制滥造等问题[J]. 中国食品(09)：53-54.

施维，2014. 广州城市生活垃圾分类与处理的政府作用研究[D]. 广州：华南理工大学.

石敏，2016. 从"稻鱼鸭共生"看侗族的原生饮食——以贵州省从江县稻鱼鸭共生系统为例[J]. 中国农业大学学报(社会科学版)，33(03)：76-82.

史丽颖，聂兵，2017. 公众节能低碳激励机制的创新模式——碳普惠制[J]. 科学家，5(13)：40-41.

帅芬，2019. 有机农业与中国传统农业的比较研究[J]. 江西农业(14)：65.

斯蒂芬妮·阿侯-拉波特，2018. 简单生活学[M]. 黄琪雯，贾翊君，译. 南京：江苏凤凰文艺出版社.

宋国君，孙月阳，赵畅，等，2017. 城市生活垃圾焚烧社会成本评估方法与应用——以北京市为例[J]. 中国人口·资源与环境，27(08)：17-27.

宋震，2009. 室内装修造成的空气污染与防治措施[J]. 消费导刊(13)：182，196.

苏恩，2009. 低碳消费主张[J]. 中国纺织(12)：104-105.

孙潇，黄映晖，2019. 北京市农业废弃物资源化利用分析与展望[J]. 农业展望，15(08)：75-80.

覃诚，毕于运，高春雨，2019. 中国农作物秸秆禁烧管理与效果[J]. 中国农业大学学报，24(07)：181-189.

唐娜，2019. 低碳旅游发展问题研究[J]. 度假旅游(01)：35，37.

田新月，2019. 低碳环保共创健康生活[J]. 现代企业文化(上旬)(12)：68-69.

王建涛，2019. 绿色消费的伦理分析[D]. 成都：中共四川省委党校.

王杰，2019. 共享单车对交通领域碳排放的影响及对策研究[D]. 北京：北京建筑大学.

王启智，吴克忠，马慕周，2010. 大力提倡低碳办公，努力做到节能减排[J]. 办公自动化(06)：4-5.

王勤锋，2019. 清洁生产技术在工业生产中的应用与发展前景[J]. 节能，38(07)：111-113.

王思远，廖森泰，邹宇晓，2018. 珠三角桑基鱼塘农业文化遗产的保护与发展[C]. 中国蚕学会2018年学术年会论文集：159-165.

王伟伟，2018. 清洁生产与可持续发展研究[J]. 环境与发展，30(04)：221，227.

王新宇，于华，徐怡芳，2017. 田园综合体模式创新探索——以田园东方为例[J]. 生态城市与绿色建筑(Z1)：71-77.

王莹，2019. 吉林省居民绿色消费行为研究[J]. 现代农村科技(06)：9-11.

王勇，2020. 我国生态林业运作制度框架分析[J]. 农家参谋(13)：154.

魏一鸣，刘兰翠，廖华，等，2017. 中国碳排放与低碳发展[M]. 北京：科学出版社.

乌仁其其格，巨宏茹，2019. 阿荣旗绿色农业发展研究[J]. 内蒙古财经大学学报，17(05)：26-29.
吴军，2019. 全球科技通史[M]. 北京：中信出版社.
吴敏洁，2016. 选择绿色出行方式践行低碳生活理念[J]. 青海科技(06)：60-61.
吴勇毅，2019. 低碳节能成为家电业竞争焦点，引领未来市场趋势[J]. 家用电器(07)：76-78.
徐帮学，2013. 低碳服装：让你穿得舒服又健康[M]. 天津：天津人民出版社.
许超，杨涵，2018. 我国低碳建筑技术研究[J]. 绿色环保建材(09)：165，168.
许星，2017. 浅谈生态林业建设若干问题[J]. 现代园艺(17)：133-134.
闫坤如，龙翔，2016. 工程伦理学[M]. 广州：华南理工大学出版社.
严陈玲，2020. 德国柏林市生活垃圾分类经验及启示[J]. 中国环保产业(04)：35-39.
杨琛，糜亮，高鹏飞，2019. 浅谈我国农业机械化现状及发展趋势[J]. 南方农机，50(07)：19.
杨京玲，2018. 现代建筑设计中的低碳设计[J]. 美与时代(城市版)(12)：29-30.
杨孝伟，曹秀芝，2012. 对我国食品包装低碳化策略的研究[J]. 生态经济(10)：133-135，152.
杨孝文，2013. 神秘消失的十个文明[J]. 新湘评论(06)：59-60.
杨雄辉，2011. 浅谈学校实施低碳办公的举措[J]. 环境教育(07)：67-68.
杨屹，陈雪娇，刘小平，2017. 绿色消费行为影响因素研究[J]. 现代商贸工业(02)：57-58.
姚蕾，2013. 低碳路径下纺织服装产业发展问题研究[M]. 北京：知识产权出版社.
亦非，潘铭，小风，2011. 餐桌也刮低碳风[J]. 食品与药品，13(08)：6，60-63，
于越，曹利强，2019. 我国田园综合体发展现状、障碍及对策研究[J]. 乡村科技(18)：10-12.
喻长寿，华敏，2019. 建筑施工对环境的影响分析与应对探讨[J]. 江西建材(05)：169，171.
张大玉，2019. 建筑垃圾资源化是必然方向[N]. 中国建设报，2019-07-12(6).
张凯宁，2014. 从低碳饮食来帮助个人健康及提升环境质量[J]. 楚雄师范学院学报，29(10)：12-14.
张丽娜，张剑秋，2019. 当代大学生绿色消费观存在的问题及对策研究[J]. 农村经济与科技，303(14)：82-83.
张潇，吴植，2010. 那块冰什么时候掉下来？我要低碳生活[M]. 北京：新世界出版社.
张妍，张珺，2019. 生态农业研究综述[J]. 粮食科技与经济，44(08)：118-120，135.
张杨乾，2010. 低碳生活的 24 堂课[M]. 贵阳：贵州教育出版社.
张永志，2019. 浅析我国低碳农业发展[J]. 山西农经(15)：101-102.
赵东云，2019. 让绿色出行成为时尚新选择[J]. 人民公交(04)：41-42
赵晓光，许振成，胡习邦，等，2010. 低碳消费战略框架体系研究[J]. 环境科学与技术，33(6)：515-518.

赵玉环，2019. 低碳农业经济分析[J]. 中国市场(11)：49，64.

赵钰，2007. 服装行业的环保研究[D]. 天津：天津工业大学.

中国人力资源社会保障编辑部，2010. 低碳办公八大倡议[J]. 中国人力资源社会保障(07)：63.

钟锦文，钟昕，2020. 日本垃圾处理：政策演进、影响因素与成功经验[J]. 现代日本经济(01)：68-80.

周书宇，2020. 基于生态文明建设的林业生态旅游发展探讨——以贵州百花湖风景名胜区为例[J]. 绿色科技(09)：232-234.

周文江，2018. 林业生态文明建设的内涵、定位与实施路径初探[J]. 农家参谋(13)：109.

周永章，2014. 低碳三字经[M]. 广州：广东经济出版社.

朱珠，黄婷婷，杨德虎，2019. 浅谈室内装修造成的污染及防治措施[J]. 江西建材(04)：188，190.

庄颖，夏斌，2017. 广东省交通碳排放核算及影响因素分析[J]. 环境科学研究，30(07)：1154-1162.